JN061476

フレームワーク思考で学ぶ

HACCP

体系的に理解がすすむ

今城 敏

カナリアコミュニケーションズ

はじめに

2020年6月1日から、すべての食品等事業者は原則として国際的な衛生管理手法である「HACCP（ハサップ）」に沿った衛生管理に取り組むこととなりました（施行後、2021年5月31日までの1年間は経過措置期間）。HACCPに基づく衛生管理について、主要先進国ではすでに義務化されており、HACCPはいわばグローバルスタンダードといえる食品衛生管理手法です。

私は食品メーカーに約30年勤務し、HACCPに基づく衛生管理に取り組んできました。その経験を踏まえて、これまでに「HACCP責任者」や「調理HACCP技能者」、米国輸出のための「予防管理適格者PCQI（Preventive Controls Qualified Individual）」の養成・指導を行い、1,000名を超える方々が活躍されるまでになりました。

一方、自らが生産・収穫した農畜水産物を食材として加工販売する六次産業化に取り組まれているご高齢の事業者、なかなか最新情報が行き届かない中、地方で懸命に事業を展開されている方々、また、食に関する学科を学んでいる学生など、様々な人々と出会う機会をいただき、食品衛生の基本的な考え方や取り組み方などを寄り添うように指導してきました。

そういった活動を通じて私に寄せられるコメントの中に、次のようなものがあります。

「以前、他のところでHACCPの講座を受講したが、内容はほとんど覚えていない」
「専門用語が多くて理解できなかった／難しかった」
「初めてHACCPに取り組もうとしているが、どう進めればいいかわからない」

今後、HACCPが食品等事業者の衛生管理の基本的な要件になる中で、せっかく貴重な時間を費やしても、HACCPについて理解できないのではもったいないと思います。

皆さんの中には、「ISO 22000」や「FSSC 22000」、「SQF」といった用語を見聞きされたことがある方もいらっしゃるでしょう。これらは国際的な食品安全の認証制度で、組織の食品安全レベルの維持向上に活用されています。

大企業が取得している場合が多いため、高い食品安全レベルを有していると思われています。その一方で、零細企業に対しても取引先から認証の取得を取引条件として求められているケースも見かけられます。

主な食品安全の認証制度

	ISO22000 (International Organization for Standardization)	FSSC22000 (Food Safety System Certification)	SQF (Safe Quality Food)
運営主体	国際標準化機構 （ISO）	食品安全認証財団 （FFSC財団）	米国小売協会 （FMI）
適用品目	一次産品から小売、製造・加工に利用する機材、運送など、フードチェーンに直接・間接的に関わるすべての組織が認証の対象	・生鮮の肉、卵、乳製品、魚製品など ・生鮮の果実・ジュース、野菜など ・常温での長期保存品（缶詰、スナック類、油、飲料水など） ・ビタミン、添加物など	・一次産品 ・加工品 ・保管 ・物流
特徴	品質管理システムISO9001に、食品安全の基本である一般衛生管理とHACCPを統合	ISO22000の一般衛生管理部分をより具体化	・システムの他に製品も認証（製品に認証マーク付与可） ・認証レベルを３段階設置 ・レベル３は品質における危害分析も実施

これらの食品安全認証制度について、構成している要素を見てみると以下のようになり、HACCPが重要な部分を占めていることがわかります。

食品安全認証の構成モデル

マネジメントシステム	**組織で運営するための仕組み**
HACCP	**科学に裏付けされた製造・加工**
前提条件プログラム	**食品安全の基本**
正しいことを決める・守る組織	組織統制
経営者の倫理・哲学	企業倫理

以前、私はある会社からの依頼で、社内研修の講師としてHACCPを指導したことがあります。その会社は誰もが知っている有名大企業で、かなり以前から国際的な食品安全認証を取得・維持していました。

私がHACCPを指導する必要があるのかと疑問を感じながらも、講師として指定された会場を訪問しました。集まった受講生は国内各地にある製造工場の工場長や品質管理の責任者ばかりです。しかし、研修が始まって早々にして気付くことがありました。

「ここにいる方々は、HACCPの基本的な知識や活用する意義をあまり理解していない。なぜHACCPを理解していないのに、食品安全認証の運用ができているのだろう」

この疑問についてはすぐに答えがわかりました。次のようなことです。

「以前、食品安全認証の取得に携わっていた方々がいなくなり、その際にHACCPが求めている意図を十分に引き継いでいなかった」

「会社組織がこれまでHACCPについて正しく理解するように取り組んでこなかった」

このように**大企業の責任者の方々ですら、HACCAPへの認識は低いといわざるを得ません**。

ところで「フレームワーク」という言葉をご存知でしょうか。「取り組み方や考え方のポイントを体系的にまとめた枠組み」のことです。「フレームワーク思考」をあらかじめ理解していると、**無理なく無駄なく考えることができ、仕事が迅速かつ的確に進められる**ため、多くのビジネスマンに支持されています。

フレームワークで迅速かつ的確に

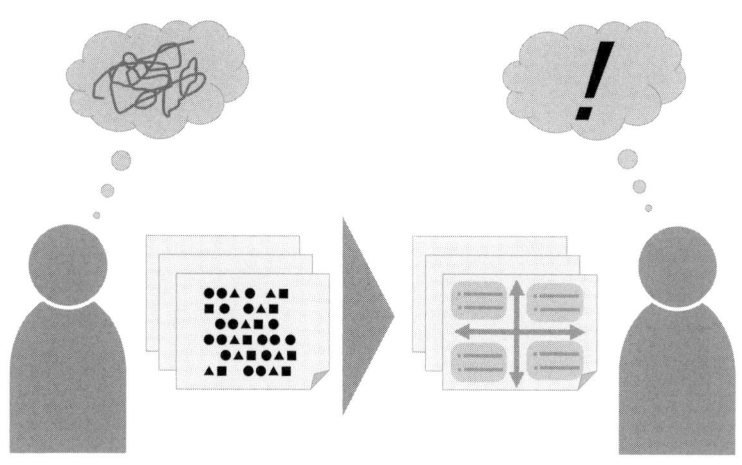

一方で中小零細企業の事業者を中心に、HACCP導入をはじめとした食品安全と、消費者の信頼確保の取り組みを難しくしている要因として、「知識・経験が少ない」、「指導する人材の不足」、「わかりやすい指導書が少ない」、「知見や情報を共有する仕組みが少ない」などが挙げられています。

そこで私は食品の衛生管理の取り組みに、「フレームワーク思考」を用いることができないかと考えました。特に、HACCPは論理的に構築したり運用したりするものであるため、この思考法を用いてHACCPを体系的に示すことができれば、誰もが容易に理解できると思います。

本書は「フレームワーク思考でHACCPを理解する方法」をわかりやすくまとめたHACCPの教科書です。HACCPにこれから取り組もうとしている方はもちろん、すでにHACCPに取り組んでいるがあらためて見直してみたいという方にも是非ご活用いただき、HACCPへの理解を深めるとともに、使いこなすための一助になれば幸いです。

目次

第2章　HACCP（ハサップ）とは

第４章　フレームワーク思考でわかる – HACCP 構築のポイント 73

参考資料

参考文献

「HACCPのフレームワーク16」

本書では、食品衛生管理における重要な取り組みを、以下の16のフレームワークとして整理しています。これらに則って、「HACCP」を実践してみましょう。

第１章
フレームワーク思考とは

売れる商品の作り方

私たちの身の回りで評判となっている食品は、美味しいから支持されているのは当然ですが、その裏には「失敗を重ね何年もかけて商品化した」とか、「とことん原料にこだわった」とか、数多くの興味深いストーリーが隠れていたりします。この**ストーリーが買い手の心に刺さった場合、長く広く支持される「ロングセラー商品」になる**のです。

例えば、飲食店の広告をインターネットで検索してみると、次のようにいろいろと工夫された文章を見つけることができます。

(1)「有名店○○で修業した店主」が丹精込めて作っています。
(2)「最新の冷凍装置」を用いて長期熟成しています。
(3)「○○産の高級食材」を使っています。
(4)「他店には無い、ひと手間」を加えて味に深みを出しています。

これらの文章について視点を変えて見てみると、容易に文章を作成できることがわかります。

(1)「『有名店○○で修業した店主』が丹精込めて作っています」の文章を例に見てみましょう。これはいかに作り手が素晴らしいかを伝えようとしています。つまり、「調理人」についての訴求です。同様の視点で見てみると、(2)は「設備」、(3)は「食材」、(4)は「調理方法」に重点を置いていることがわかります。

「調理人」「設備」「食材」「調理方法」は、それぞれ英語で「Man」「Machine」「Material」「Method」になり、4つとも頭文字がMであることから「4M」と称されます。

「4M」は品質工学において品質を変動させる因子であり、「4M変動因子」と整理されています。食品業界だけではなく、自動車産業や重工業など広くメーカーの品質管理手法の要素として取り扱われてきました。

最近では、「4M」に「検査・測定」の「Measure」と「製造施設・環境」の「Environment」を加えて、「5M+1E」と整理されることもあります。

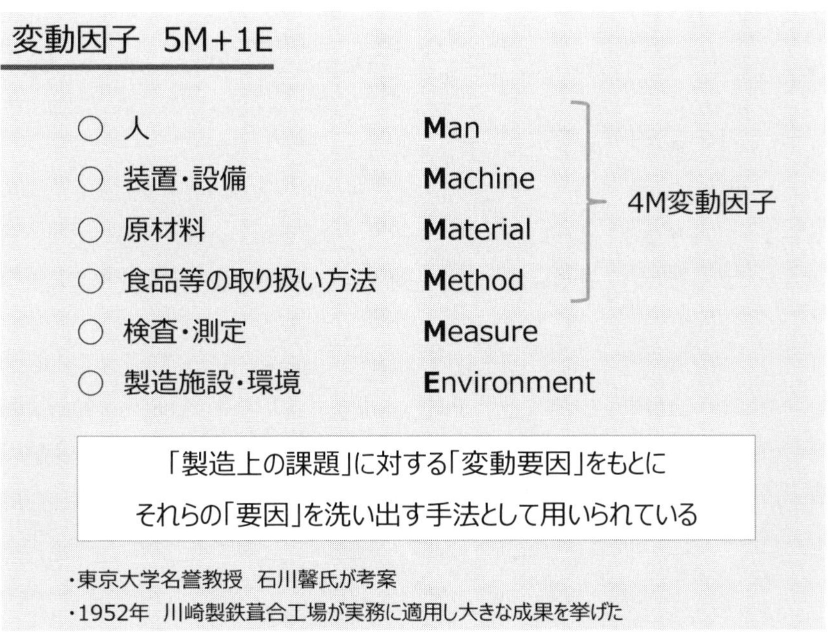

店や会社、商品などの広告訴求を考えるときに、**一見すると関係無いような品質工学の手法を用いることで、実にスムーズに広告訴求の文章が考えられる**ことがわかったと思います。この4M変動因子のように品質管理の世界でも、多くの優れたフレームワーク（体系的にまとめられた考え方）があります。

フレームワーク①

商品のアピールにも使える品質管理手法**「4M 変動因子」**

フレームワーク思考でビジネスを強くする

フレームワークとは直訳すると「枠組み」のことです。1980年代にマッキンゼー・アンド・カンパニーをはじめとするコンサルティング・ファームが企業の戦略決定に使うようになったことで、広く知られるようになりました。

ビジネスの世界では常識となりつつあるので、限られた時間の中で最大限の成果を上げるためにも、是非学んでおきたい方法です。

フレームワークを用いることは、先達が考えたビジネスの最善策であり公式といえます。なぜなら、**業務におけるフレームワークとは、企業に共通して用いることができる考え方、意思決定、分析、問題解決、戦略立案などの枠組みになる**からです。

本書ではHACCPの指導・普及を進める中で、食品安全の仕組みを構築する際に押さえておかなければいけないポイントを、フレームワークとして体系的に示しています。このフレームワークを目的によって使い分け、自社の業務にあてはめて考えることで、何が必要で何が課題となっているのかを論理的に導き出すことができます。

つまり、業務全体を俯瞰し、**意思決定や問題解決を助けるこの分析・思考ツールを身につければ、考えるべきポイントがパターン化でき、誰でも食品の品質戦略が構築できる**ようになるのです。

「フレームワーク思考」で身につく３つのスキル

フレームワークを学ぶことで、次のようなスキルが身につきます。

①ロジカルに伝えられるようになる

物事を適切に整理しロジカルに伝えるスキルは、ビジネスにおいて必須です。フレームワークを活用することで、**わかりやすく説得力のある伝え方ができるようになります**。

②意思決定が迅速になる

ビジネスにおいては、意思決定の速さが求められています。フレームワークを使うことで**効率性が増し、格段にスピードアップが図れます**。

③分析・検証の精度が上がる

様々な情報をバラバラに集めて羅列するだけでは何も意味がありません。フレームワークを用いて、情報について「モレ無く」「ダブリ無く」整理することで、**分析・検証の精度が高まり、問題解決や状況把握が容易になります**。

基本的なフレームワーク

ここでは本書で取り扱うものも含め、代表的なフレームワークについて解説します。

① KJ 法

KJ 法は、文化人類学者の川喜田二郎氏（元東京工業大学教授）が考案した創造的問題解決の技法で、考案者のイニシャルを取って名付けられました。

アイデアや課題を書いたカード（付箋）を小分類から中分類、大分類へとグループ化していくフレームワークで、最初は**バラバラに思えた情報を統合することで、新たな知見やアイデア、問題解決の方法を探り出せます**。

テーマを決めたら、まずはアイデアや課題を１枚のカードに１つずつ書き出していきます。次に、内容の類似したカードをグループ化して共通する特徴を表す「タイトル（見出し）」を付けます。さらに、関係が深いと思われるグループ同士を近くに配置してタイトルを付け、線で囲ったり矢印を入れたりしてカードやグループの間の関係性を示していきます。最後に、このアウトラインを客観的・論理的な文章に再構成し、矛盾がないかどうか検証をします。

活用のポイントは、以下の３点です。

1）ボトムアップで分析する

ボトムアップ式に直感的に行うのが重要です。分類カテゴリーを先に決めて、カードをはめ込んでいくやり方は避けましょう。

2）すべてを分析する

すべてのカードをいずれかのグループに分類することで、グループの関係性が図解化されます。「その他」というグルーピングは分析したことになりません。

3）単語に惑わされない

KJ 法のカードに書かれた言葉は、効率よく作業をするための目印のようなものです。単語の背後にある豊富な情報を踏まえたグルーピングを心がけます。

KJ 法は、アイデアや課題を整理する方法であると同時に、新たなアイデアを生み出す発想法でもあります。大事なのは日常的にアイデアを集めておく習慣を身に付けることです。

KJ法の流れ

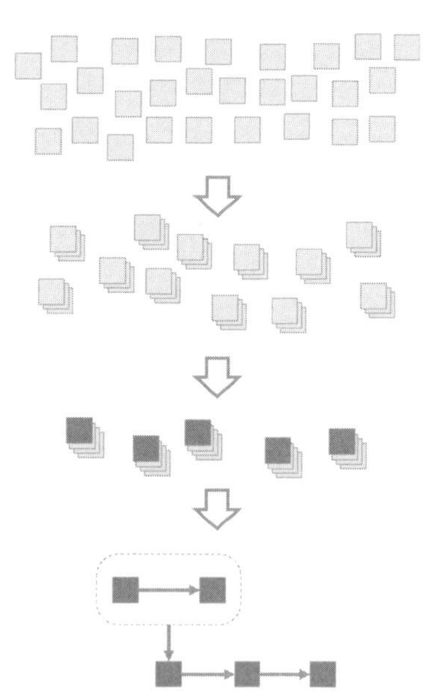

アイデア・情報を出す

あるテーマのアイデアや課題について、
1枚のカードに1つずつ書き出す。

グループ化する

アイデアや課題をすべて書き出したら、
類似する内容のカードをグループ化する。
共通する特徴の小タイトルを付ける。

さらにグループ化する

さらに共通する特徴ごとにまとめ、
大タイトルを付ける。

グループごとの関係性を整理する

大タイトルの関係性を示す。
（並び替え、囲む、矢印を付けるなど）

② MECE（Mutually Exclusive and Collectively Exhaustive／ミーシー）

MBA（Master of Business Administration／経営学修士）のカリキュラムでも取り上げられるヌケ・モレ防止の手法「MECE」。MECEは和訳すると「モレ無く」「ダブリ無く」という意味です。

論理的思考法における基本の1つですが、ビジネスに限らず、物事を整理する際に、**モレやダブリといった問題を無くし、正確な判断をするために用いるフレームワーク**です。

たいていの問題は様々な要素が複雑にからみ合っているものです。やみくもに解決策を検討しても、モレが出たり、重複したりして非効率です。そういう場合に、問題をモレもダブリも無いように小さな要素に細分化すれば、本質的な要因にたどり着きやすくなります。

MECEを使う際のコツは、「厳密」にこだわりすぎないことです。目的から外れていないか、網羅的に全体を把握できているかを意識し、**「ダブリ」よりも「モレ」が無いかに配慮**しましょう。

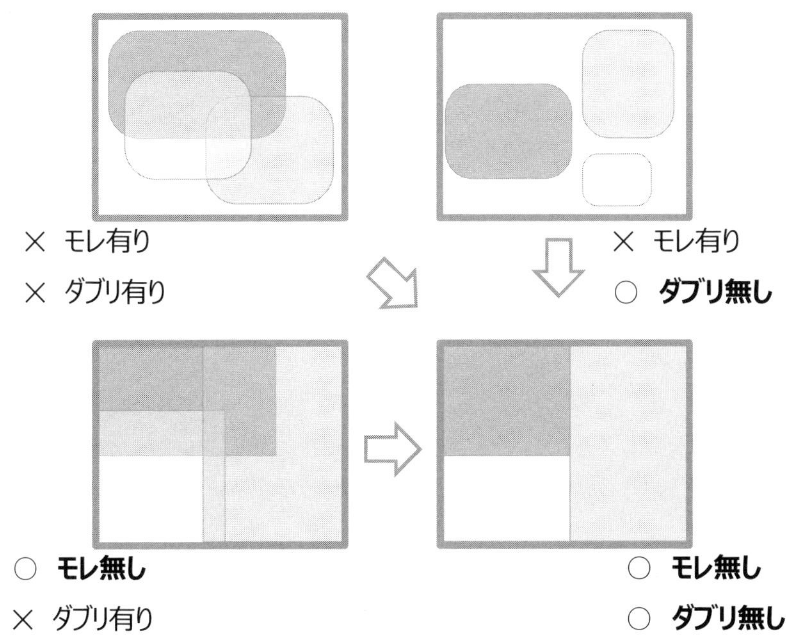

③経営資源

経営資源とは、経営学用語の1つで、米国の経済学者エディス・ペンローズ氏によって次のように提唱されました。

企業が成長するためには，資本や労働者をより多く必要とする。さらに、大きくなった企業は経営するにあたって、より多くの経営能力が必要となる。この経営能力は、資金調達力、販売力，従業員管理能力、経営管理についての知識や経験など、諸々の力の集合体であり、この集合体が経営資源である。

また、米国の経営学者ジェイ・B・バーニー氏は、企業の内部にあり戦略に使えるものすべてを「経営資源」と称し、以下の4つのカテゴリーに分類できるとしています。

財務資本……戦略を実行するときに使うことができる金銭的な資源
物的資本……工場、設備、立地　など
人的資本……個々人が持つ経験、知識、ノウハウ　など
組織資本……組織構造、管理システム、外部との関係性　など

上記をもとに日本国内で定着している経営資源の定義付けは､「ヒト」「モノ」「カネ」です。さらに、最近では「技術」「情報」を加えた5つの要素を指すこともあります。「ヒト」は人材や組織、「モノ」は在庫や設備、「カネ」は資金、「技術」「情報」はノウハウのことです。

1)「ヒト」……人材、組織

5つの経営資源の中でも、最も重要な要素とされています。人材は、残りの3つの要素を生み出したり消費したり、全体をうまく動かすために欠かせません。また、組織構造も「カネ」「モノ」「情報」の流れに大きな影響を与えます。人事だけでなく、組織そのものの構造も考えなければなりません。

2)「モノ」……在庫、設備

「ヒト」が「モノ」に手を加えることによって、価値が生み出されます。その

価値が「カネ」に変換され、ビジネスの循環が生まれます。

3）「カネ」……資金

どのように資金を調達して、どう活かすのかを考える財務の視点も外せません。企業を循環する血液ともいえる「カネ」ですが、他の３つの要素を動かすために「カネ」は必要です。

4）「技術」「情報」……ノウハウ

社内で生まれるものもあれば、社外から入手して活用されるものもあります。研究結果やノウハウなどの「技術」は社内で蓄積されます。また、顧客のデータ、取引先や競合の情報などは社外から入ってきます。ビジネスを行えば、様々な「技術」「情報」が生まれますが、それらを大切な経営資源として活用する必要があります。

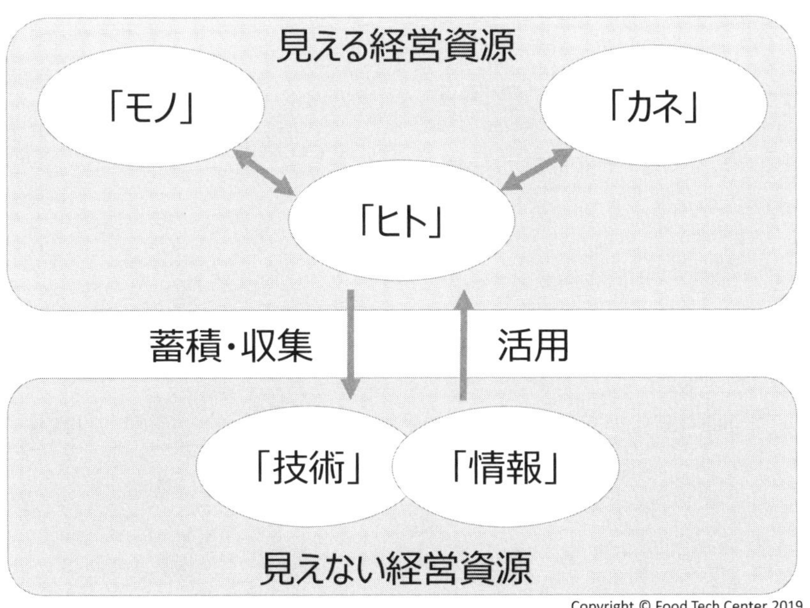

④パーセプション・マップ

パーセプションとは「認識」といった意味です。縦軸（垂直の直線）と横軸（水平の直線）で、面を4つに区切り、その上に**アイデアやアンケート結果など、多数の情報をプロット（配置）して情報を分類し把握する手法**です。

最も重要なポイントは、縦軸と横軸にどのような意味を設定するかです。同じ情報でも、軸の意味によってとらえ方は変わってきます。軸の意味を変えた途端、特徴が見えてくることもあります。

軸に、価格や性能、デザイン性などを設定し、自社の商品と他社の商品の市場の立ち位置を分析したり、どの企業も参入していない「ブルーオーシャン」の市場を探ったりと、経営戦略や事業戦略に用いる場合は「ポジショニング・マップ」と呼ぶこともあります。

また、縦軸に「緊急度」、横軸に「重要度」を設定して、業務の優先度をプロットすることで、「時間管理のマトリクス」としても活用できます。

パーセプション・マップの活用例

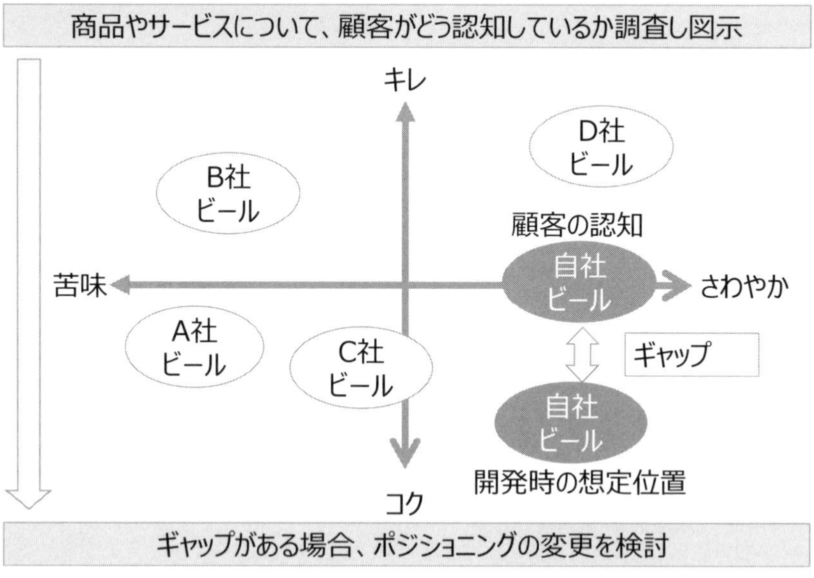

⑤ **3C 分析**

自社（Company）、顧客（Customer）、競合（Competitor）の３つの市場プレーヤーの関係性から現状を分析するために用いるフレームワークです。それぞれの頭文字を取り、「3C 分析」といいます。

自社がどのような経営環境に置かれているのか、3C から現状を分析することで、**戦略立案や経営課題の発見、商品分析など、様々なレベルで活用できるツール**です。

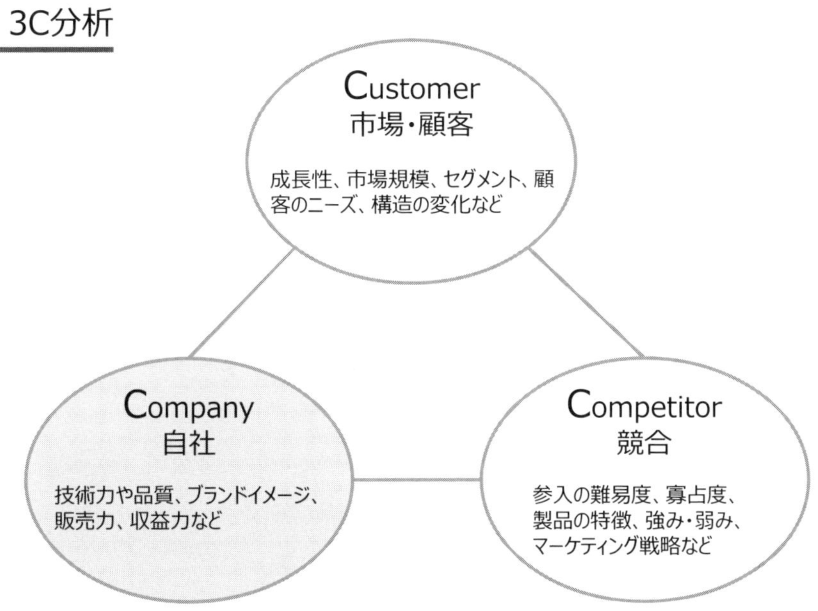

3C 分析で陥りやすいケースが、情報収集の作業が主たる目的となってしまい、データ収集や解析に時間と労力を費やすことです。3C 分析の目的は、あくまで自社の成功要因を導き出すことです。そのためには、**3C 分析の前に目的を明確にし、以下の流れで要点を絞り込むと効率的に進めることができます**。

1）市場・顧客分析

最初に行うのは、市場・顧客分析です。市場・顧客の定義が明確でないと、競合分析も自社分析も漠然としてしまいます。市場・顧客の「ニーズの変化」に注目して、マクロな視点でのビジネス環境分析、ミクロな視点での業界分析、そして顧客分析を行います。

2）競合分析

次に行うのは競合分析です。ポイントは、競合が市場や顧客のニーズの変化にどのように対応しているかです。具体的には、「競合ブランドの特定」「競合ブランドの構図」「競合ブランドの戦略とリソース」を分析して、競合のビジネスの結果とその結果を導き出した理由の2点を重点的に検証します。

3）自社分析

最後に自社分析を行います。市場分析や競合分析をもとに、自社の立ち位置と戦略、リソースを検討します。自社分析によって、競合企業の強みを取り入れたり、競合企業が不得意な市場に参入したりするなど、自社のビジネスが成功するための要因を探ります。

⑥５フォース

自社と競合企業だけでなく、**業界全体の分析を行う際に用いるフレームワーク**です。米国の経営学者マイケル・ポーター氏が提唱した手法で、業界に影響を与える５つの競争要因から、その業界の魅力度を分析するものです。すでにある競合、新たに参入しようとしている競合、商品を供給する供給業者（売り手）、買い手である顧客、競合していない代替品の５つの関係性から把握することができます。

５つの競争要因は次のように整理できます。これらの５つの力が強いほど業界の競争は激しいといえ、収益性は低くなります。５フォース分析によって業界の競争の要因が明確になるので、**収益を伸ばすための課題と、今後の戦略立案に活かせます**。

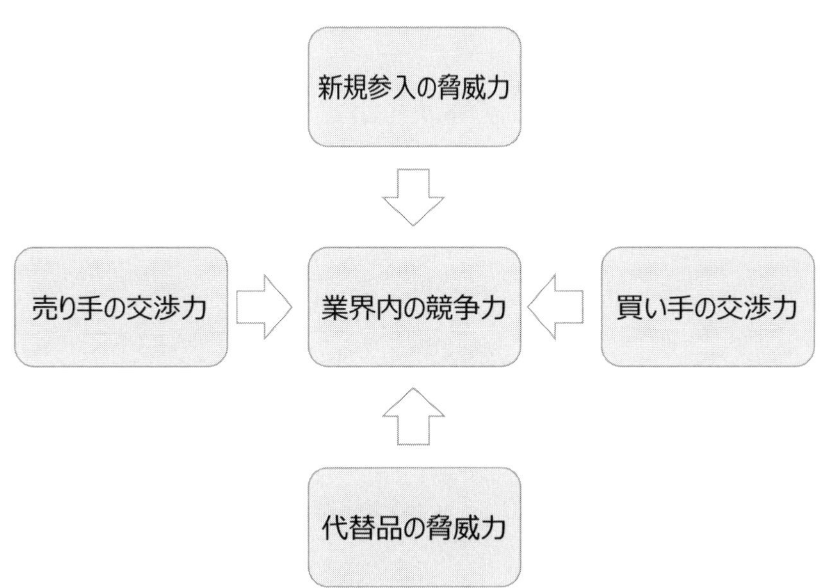

1）業界内の競争力

業界内にどのような競合がいるのか、競争要因はコスト競争なのか、差別化競争なのかなど競争環境を分析します。

2）売り手の交渉力

部品や原材料などの売り手の影響力が強いか弱いかを分析します。サプライヤーが寡占状態の場合や独自技術を持っている場合などは、仕入れ価格が高くなり、収益性は低くなります。

3）買い手の交渉力

販売先（顧客やユーザー）の力が強いか弱いかを分析します。買い手の力が強いと、希望価格より安く売ることになり利益が減ります。

4）新規参入の脅威力

業界への新規参入が多いか少ないかを分析します。参入障壁が低いと、自社のシェアが奪われる可能性があります。

5）代替品の脅威力

現状の商品やサービスのニーズが別の形や仕組みによって満たされる可能性があるかを分析します。低価格や高品質の代替品が現れた場合、脅威が大きくなります。

⑦ SWOT 分析

SWOT とは､「内部環境の強み (Strengths)」､「内部環境の弱み (Weaknesses)」､「外部環境の機会 (Opportunities)」､「外部環境の脅威 (Threats)」の 4 項目の頭文字を取ったものです。**「自社の強みと弱み」「競合や外部環境からの機会と脅威」を分析するためのフレームワーク**です。

戦略を考える上で、現状の正確な把握・分析は欠かせません。市場トレンドや競合の状況など自社を取り巻く外部環境と、自社の資産やブランド力などの内部環境から自社の現状を分析します。

内部環境の強みと内部環境の弱みは競合と比較した相対的な評価であり、外部環境の機会とは「自社にとってプラスとなる外的環境の変化」。また、外部環境の脅威とは「自社にとってマイナスになる外部環境の変化」のことです。

SWOT では 4 項目を 2 × 2 のマトリクスに置いて検討します。4 項目を書き出したら、戦略に落とし込むために、斜めの項目と掛け合わせて分析していきます。これを「クロス SWOT 分析」といいます。**自社の強みを活かして機会を勝ち取ることが大切であり、この掛け合わせの中では「強み×機会」が最も重要**になります。

自社の強みと弱み、機会と脅威を書き出す

	ポジティブ	ネガティブ
内部環境	強み Strengths	弱み Weaknesses
外部環境	機会 Opportunities	脅威 Threats

クロスSWOTで攻めと守りの戦略を具体化

	機会 Opportunities	脅威 Threats
強み Strengths	自社の強み×機会 自社の強みを活かせる事業機会は何か?	自社の強み×脅威 自社の強みで脅威を回避できないが、自社の強みで事業機会にできないか?
弱み Weaknesses	自社の弱み×機会 自社の弱みで事業機会を逃さないために何をすればいいか?	自社の弱み×脅威 脅威と弱みが重なり最悪の事態にならないためにはどうすればいいか?

第2章
HACCP（ハサップ）とは

HACCP（Hazard Analysis and Critical Control Point）とは

厚生労働省は「HACCP（ハサップ）」について次のように説明しています。

Hazard Analysis and Critical Control Point のそれぞれの頭文字をとった略称で「危害要因分析重要管理点」と訳されています。

本手法は、原料の入荷・受入から製造工程、さらには製品の出荷までのあらゆる工程において、発生するおそれのある生物的・化学的・物理的ハザード（危害要因）をあらかじめ分析（ハザード（危害要因）分析）します。製造工程のどの段階で、どのような対策を講じればハザード（危害要因）を管理（消滅、許容レベルまで減少）できるかを検討し、その工程（重要管理点／CCP）を定めます。そして、この重要管理点に対する管理基準や基準の測定法などを定め、測定した値を記録します。これを継続的に実施することが製品の安全を確保する科学的な衛生管理の方法なのです。

この手法は、国連食糧農業機関（FAO／Food and Agriculture Organization）と世界保健機関（WHO／World Health Organization）の合同機関であるコーデックス委員会から示され、各国にその採用を推奨している国際的に認められたものです。

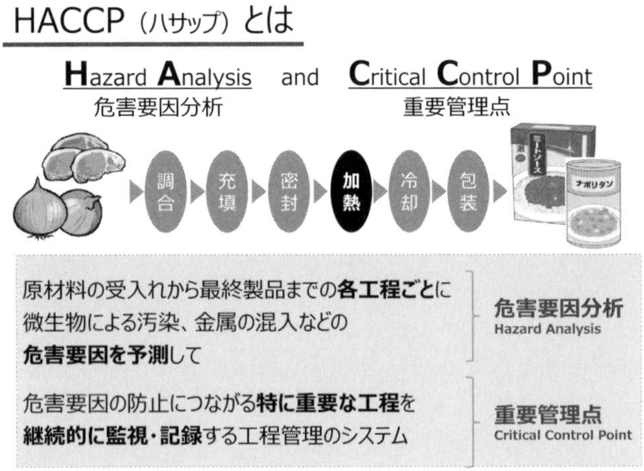

HACCP（ハサップ）とは

Hazard Analysis and Critical Control Point
危害要因分析　重要管理点

調合 ▶ 充填 ▶ 密封 ▶ 加熱 ▶ 冷却 ▶ 包装

原材料の受入れから最終製品までの**各工程ごと**に微生物による汚染、金属の混入などの**危害要因を予測**して	**危害要因分析** Hazard Analysis
危害要因の防止につながる**特に重要な工程**を**継続的に監視・記録**する工程管理のシステム	**重要管理点** Critical Control Point

また、農林水産省は「HACCP（ハサップ）」について、「1993年に、FAO/WHO合同食品規格委員会（コーデックス委員会）が、HACCPの具体的な原則と手順（7原則12手順）を示し、食品の安全性をより高めるシステムとして国際的に推奨している」と説明しています。

ちなみに、コーデックス委員会とは、消費者の健康の保護、食品の公正な貿易の確保などを目的として、1963年にFAO及びWHOにより設置された国際的な政府間機関であり、国際食品規格（コーデックス規格）の策定などを行っています。

HACCPの構築　7原則12手順

手順 1：HACCPチームの編成
手順 2：製品説明書の作成
手順 3：意図する用途及び対象となる消費者の確認
手順 4：製造工程一覧図の作成
手順 5：製造工程一覧図の現場確認

危害要因の分析等のための
導入準備

手順 6：危害要因の分析　（原則１）
手順 7：重要管理点（CCP）の決定　（原則２）
手順 8：管理基準の設定　（原則３）
手順 9：モニタリング方法の設定　（原則４）
手順 10：改善措置の設定　（原則５）
手順 11：検証方法の設定　（原則６）
手順 12：記録と保存方法の設定　（原則７）

◆HACCPの構成要素

危害を分析・特定した上で、
重要な工程を継続的に監視し、
記録・検証する

「安全な食品の作り方」と「安全な食品の科学的な作り方」の違い

皆さんは「六次産業化」という言葉をご存知でしょうか。農林水産省はこの六次産業化を、「一次産業としての農林漁業と、二次産業としての製造業、三次産業としての小売業等の事業との総合的かつ一体的な推進を図り、地域資源を活用した新たな付加価値を生み出す取組」（六次産業化・地産地消法の前文より）と定義しています。

また、六次産業化は国内の地方で生産された農林水産物を、その生産された地域内において消費する取り組み「地産地消」にもつながるものです。六次産業に従事している、あるいはこれから参入したいと考えている方は、魅力のある食材を製造・加工し販売まで行っています。

私は地方都市の食品の製造・加工事業者と接することが多いのですが、最優先で取り組まなければならない食品衛生について、その知識や技術的な面での不足・欠如を感じることがよくあります。そんなときは、まず掃除や片付けを行うことを勧めています。

次に、器具の洗浄や原材料の温度・時間管理などに注力して「安全な食品の作り方」ができるレベルになるように指導しています。ここでいう「安全な食品の作り方」とは、家庭料理でいえば、例えば、加熱の強さを弱火・中火・強火といった表現で調理し、とりあえず食中毒を起こさない勘どころのわかっているレベルのことです。そういった場合、なかなか温度の測定まで及んでいないことが多く、ましてや測定温度の結果を記録に残すことには違和感を覚える方が多いと思います。

「安全な食品の作り方」ができている方には、さらに国際的な衛生管理手法であるHACCPに取り組むようにアドバイスしています。アルファベットやカタカナで言い表すと、なかなか理解されないことが多く、前記した厚労省の説明もわかりにくいため、私はHACCPについて「**安全な食品の科学的な作り方**」と説明しています。

HACCP（ハサップ）の真意

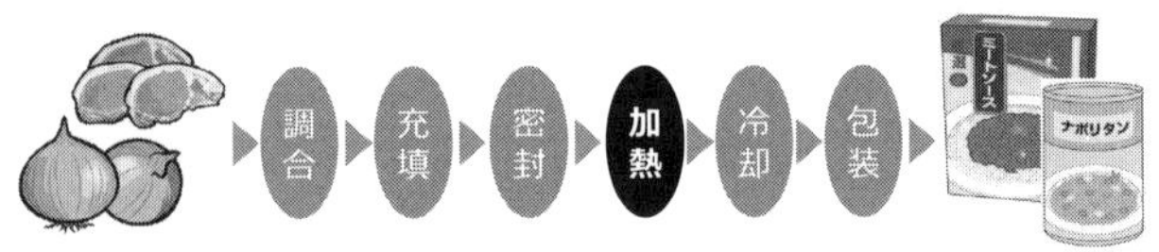

安全な食品の**科学的な**作り方

「安全な食品の**科学的な**作り方」とは、例えば、**場面ごとの管理方法があらかじめ設計されていることや、温度や時間の管理がなされていて、その記録もされていること**を指します。

開発段階……加熱の温度や時間を決めた根拠がある。 製造段階……加熱の温度や時間を測定している／記録している。 異常発生時……誰に報告するかを決めてある／対応内容を記録して後で振り返ることができる。

また、「安全な食品の**科学的な**作り方」の「科学的」とは、以下のようなことを指します。

開発段階……管理方法や管理基準の設計根拠がある。 製造段階……データで示せる／継続的に監視し記録している。 異常発生時……是正措置（改善措置）に取り組み、恒久的な対策が取れている。

HACCPによる衛生管理

・すべての製品を検査できない

・不合格の場合、すべての製品を廃棄

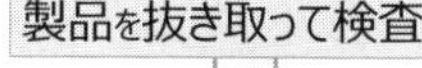

危害防止につながるポイント（重要管理点、CCP）

加熱温度・時間 を 継続的に監視

HACCPによる衛生管理

・すべての製品を管理

・問題のある製品の出荷を より効果的に未然に防止

HACCPにつきまとう誤解

私はこれまで、講演会やセミナーなど様々なところで、HACCPへの取り組み方を解説してきました。私にとって多くの方々との出逢いは財産です。

講師を務めさせていただいた際、質問を受けることは提供した話に関心を持ってくれたと感じ、嬉しい気持ちになります。特に六次産業に従事されている農家の方などが、恥ずかしそうに手を挙げられて発言する姿を見るにつけ、真摯に受け止めて丁寧にお答えしなくてはいけないと思います。

また、会社経営者の方々にお話しする機会をいただくこともあります。しかし講演中に質疑応答の時間を作っても、どういう訳かまったく発言されません。推測するに、経営者は人前で質問をすることにためらいを覚えられるのでしょう。講演終了後に長い列を作られ、具体的な個々の事案について質問される方がほとんどです。

そういった質問やご意見の中で、必ずといっていいほどいただく言葉が次の3点ですが、本当にそうなのでしょうか？　これらについて、それぞれ考えてみたいと思います。

① HACCPはカネがかかる

HACCPに取り組むにあたって、施設や設備など新たな投資が必要なのでしょうか。答えはノーです。コーデックス委員会はHACCPに取り組むために、準備すべき施設や設備の条件を示していません。

また、営業許可を取得している場合、食品衛生法に則った製造加工の条件はすでに整っているはずです。つまり、これからHACCPに取り組むにしても、**あらためて何かしらの施設や設備の整備が必要ではない**ということです。

②ヒトがいないからHACCPはできない

コーデックス委員会はHACCPに取り組むための【手順1】で「HACCPチームの編成」を求めていますが、中小の事業者にも取り組んでほしいことから、**チームは1人でも構わない**と示しています。つまり、**大勢のメンバーで構成されたHACCPチームが必要という認識は誤解**に過ぎません。

③ HACCP に取り組むための書類の作成が面倒

後述しますが、HACCP に取り組むためには、まず「ハザード分析」が必要です。また、ハザード分析した結果、管理すべき重要な工程があれば、継続的に監視し記録することとしています。この一連の作業の中で、ハザード分析の結果を示す書類や HACCP に取り組むための計画書「HACCP プラン」の作成が発生します。

確かに、これらの書類の作成は多少面倒ではあります。しかし、初めてこういった取り組みを学ぶ中小企業の方々に、寄り添うように指導を行ってきましたが、**半日から１日程度の解説と演習によって、自前で作成できるところまでレベルアップ**される方がほとんどです。つまり、**書類の作成は、正しくかつわかりやすく指導を受ければ難しくない**ということです。

安全な食品の製造に必要なこと

次章からフレームワークを使い、HACCP、食品衛生管理について体系的に整理していきますが、肩慣らしとして１つ例を挙げてみましょう。

「安全な食品の製造に必要なこと」を体系的にまとめたい場合、皆さんはどのようにしますか？　必要な項目を４～５項目は挙げられても、10 項目以上となるとなかなか難しいと思います。そういった際によく用いられるのが、有名なフレームワーク「KJ 法」です（19 ページ参照）。

わかりやすい事例として、ここでは「安全運転に必要なこと」を列挙してみます。

一見、食品とは関係がないようにも思いますが、身近な事例で考えることでアイデアが枯渇しません。

クエスション！

「安全運転」に必要なことって？

「安全運転」に必要なこと

運転テクニックがある

道路交通法が整っている

ドライバーが教育を受けている

車がメンテナンスされている

ドライバーの要件を満たす（視力、ルールの熟知など）

車の要件を満たす（ミラーやライトがあるなど）

運転免許証を保有している

モラルを守り、マナーがある

タイトルを付けると？

いろいろな項目が出てきたら、似たようなものをまとめて、それぞれの内容を示す「タイトル（見出し）」を付けてみます。

「安全運転」に必要なこと

	タイトル	
運転テクニックがある	やり方	
道路交通法が整っている	ルール	
ドライバーが**教育**を受けている	ソフト	管理
車が**メンテナンス**されている	ハード	
ドライバーの要件を満たす（視力、ルールの熟知など）	ソフト	仕様
車の要件を満たす（ミラーやライトがあるなど）	ハード	
運転免許証を保有している	証し（あかし）	
モラルを守り、**マナー**がある	倫理観	

このようにタイトルを付けて整理することがとても重要で、「KJ 法」の特長といえます。

それでは、「安全運転に必要なこと」で列挙したタイトルを用いて、次ページの「安全な食品の製造」の表に必要なことを書き出してみましょう。

「安全な食品の製造」に必要なこと

	タイトル
	やり方
	ルール
	ソフト ｝管理
	ハード ｝管理
	ソフト ｝仕様
	ハード ｝仕様
	証し（あかし）
	倫理観

書き出せましたか？　タイトルごとに列挙するので、書きモレも無く網羅的に示すことができたと思います。

次ページの表が答えですが、これは「MECE」というフレームワーク手法（21ページ参照）にもつながるもので、ヌケ・モレを防ぐこともできます。

「安全な食品の製造」に必要なこと

	タイトル
安全な食品の作り方のテクニックがある	やり方
関連法規やガイドラインが整っている	ルール
製造従事者や管理者が教育研修を受けている	ソフト ┐ 管理
製造設備や環境の洗浄やメンテナンスをしている	ハード ┘ 管理
食品製造従事者の要件を満たす（ネットや手袋の着用、衛生管理の方法の熟知など）	ソフト ┐ 仕様
製造設備や環境の要件を満たす（洗いやすい、水はけがいいなど）	ハード ┘ 仕様
何かしらの証明書を保有している	証し（あかし）
モラルを守り、**マナー**がある	倫理観

「安全運転に必要なこと」のタイトルとして整理した要素は、「安全な食品の製造」にとっても重要であることがわかったと思います。つまり、**「安全運転に必要なこと」は、そのまま「安全な食品の製造要件」のためのフレームワークにもなる**のです。

フレームワーク②

「安全な食品の製造要件」をヌケ無くモレ無く整える

第3章
フレームワーク思考で納得衛生管理のポイント

品質のフレームワーク

本章では、実際にフレームワーク思考を使って、衛生管理のポイントを整理します。HACCPの土台である衛生管理をしっかりと整備することで、HACCPの仕組みを構築する際に、過度な労力を避けることができます。

①お客様に約束していること

「品質」とは何でしょう。JISでは、品質を「品物またはサービスが使用目的を満たしているかどうかを決定するための評価の対象となる性質・性能の全体」(JIS Z8101：1981) と定義しています。

私は長く食品メーカーに勤め、研究の他に品質保証や品質管理の業務にも携わってきました。その経験から、**品質をひと言で表すと「お客様に約束していること」**と自分なりに定義付けしています。メーカーは商品を通して様々なことをお客様に約束しています。しかし、その約束ごとを整理して考えているケースは少ないように感じています。

「パーセプション・マップ」と呼ばれるフレームワーク手法 (24ページ参照) をもとに、顧客の求める品質をモデル化する考え方として「狩野モデル」があります。狩野モデルとは、東京理科大学名誉教授の狩野紀昭氏が提唱したもので、海外でも「Kano Model」という名称で知られています。

狩野モデルでは、買い手の満足度や購買意欲をもとに、品質について「魅力品質」「一元的品質」「当たり前品質」の３つに分類しています。

- 魅力品質……あれば満足するが、不十分でも不満にならない品質
- 一元的品質…あれば満足するが、不十分であれば不満を感じる品質
- 当たり前品質…充足していて当たり前と考えられ、不十分であれば不満を感じる品質

狩野モデル

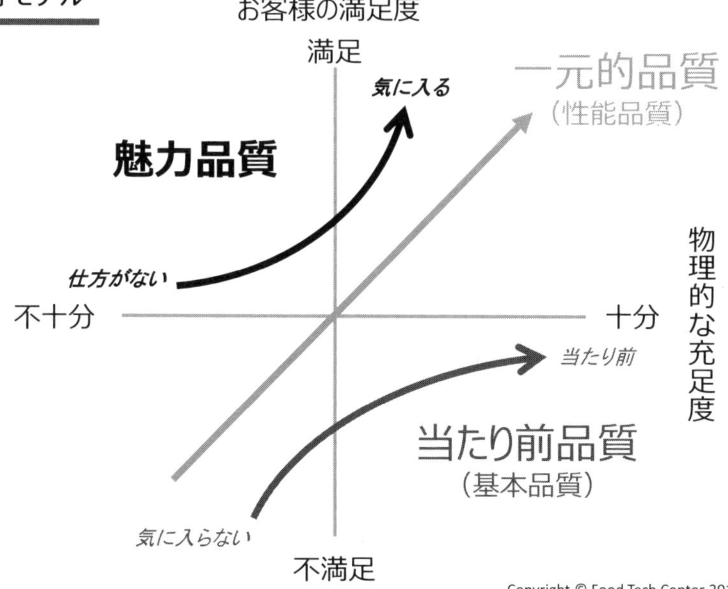

	充足されれば	不十分であると	例
魅力品質	満足	仕方ない（不満に思わない）	美味しさ、評判など
一元的品質	満足	不満	日持ちの長さなど
当たり前品質	当たり前	不満	（異物等）ハザードの有無など

食品を開発する際、「魅力品質」や「一元的品質」に目を向けがちですが、**「当たり前品質」の確保が最優先の課題**です。

フレームワーク③

「３種類の品質」でお客様の満足度を考える

②お客様が無意識に求めている品質

お客様が食品を購入する動機には、「美味しいから」「評判だから」などが挙げられますが、これらは「魅力品質」に価値を感じているからといえます。

一方、例えば、金属片が混入してのどに刺さらないことや、食べた後に腹痛にならないことなど、食品としての「当たり前品質」に、お客様はお金を投じようとは思っていません。

しかし、この「当たり前品質」は、食品を製造加工する際、企業側が多額の設備投資や、継続的な人材育成をするなど、数々の取り組みをこつこつと地道に進めてきた成果です。組織のトップマネジメントといわれる**経営層は、「ヒト」「モノ」「カネ」「技術」「情報」といった５つの経営資源のフレームワーク（22ページ参照）について積極的にサポートをする**必要があります。

フレームワーク④

HACCPの仕組みを構成するのに必要な**「５つの経営資源」**

衛生管理の敵を知る

第2章の冒頭で、HACCPによる衛生管理は「原料の受入から製造、製品の出荷までのすべての工程において、食中毒などの健康被害を引き起こす可能性のあるハザード（危害要因）を科学的根拠に基づき管理し、製品の安全を確保する科学的な衛生管理の方法」（要約）と定義付けられると説明しました。

コーデックス委員会は、この「ハザード（危害要因）」を「Bio」（生物的／病原微生物など）、「Chemical」（化学的／残留農薬、抗生物質、洗浄剤・消毒剤など）、「Physical」（物理的／金属片、ガラス片など）の3種類に分けて整理するよう示しています。この3種類の頭文字を取って「BCP」と表す場合があります。

食品の衛生管理に取り組む際、まずは対象となる「ターゲット」を特定しなければなりません。いわば「敵を知る」ということです。

ハザード（危害要因）の内訳

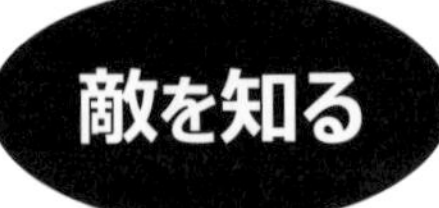

コーデックス委員会

食品中の**健康**に**悪影響**を**もたらす可能性**を持つ
生物的、**化学的**、**物理的**な物質、要因、食品の状態

生物的	病原細菌、腐敗微生物、ウイルス、寄生虫　など
化学的	カビ毒、キノコ毒、魚毒、貝毒、農薬、工業薬品　など
物理的	ガラス、金属、プラスチック、木片、石　など

フレームワーク⑤
衛生管理の敵は「BCP」の３種類に大別

食品衛生を支える土台

①ハード・ソフト・モノ

厚生労働省は、HACCP に取り組む上で整備しておくべき衛生管理のポイントを「一般的衛生管理プログラム」と称しています。例えば、製造環境や従業員の衛生管理、食品取扱者の教育訓練、記録の必要性などを指します。また、「一般的衛生管理プログラム」を次のように定義しています。

HACCP システムを効果的に機能させるための前提となる食品取扱施設の衛生管理プログラム。前提条件プログラムともいわれる。コーデックス委員会が示した「食品衛生の一般的原則」の規範が基本になり、地方自治体の条例で定める「営業施設基準」および「管理運営基準」などがこれに該当する。

この定義の中に、「コーデックス委員会が示した『食品衛生の一般的原則』の規範」とありますが、これは 1997 年の第 22 回コーデックス委員会の総会で、国際的に流通する食品の安全性確保と貿易の円滑化を目的として採択された、「食

品衛生の一般的原則」とその付属文書となる「HACCP システムとその適用のための指針（改訂版）」及び「食品の微生物基準の設定と適用のための原則」を指しています。

「食品衛生の一般的原則」は、食品の生産から製造加工を経て消費に至るまで、HACCP システムを実施する前提となる基礎的な衛生管理事項を規定したものです。この「食品衛生の一般的原則」のうち、【項目 1. 目的】と【項目 2. 範囲、使い方、定義】を除く 8 項目が、HACCP システムを実施する前提となる「基礎的な衛生管理事項」と示されています。

食品衛生の一般的原則（概要）

1	目的	・食品の一次生産から最終消費者までのフードチェーンを通じて適用できる食品衛生の必須の原則を明確化
2	範囲、使い方、定義	・フードチェーンにおける衛生要件を提示 ・政府、食品産業及び消費者の役割
3	一次生産	・一次生産では、食品が用途に応じて安全で適切なものとなるよう管理 ・食品の安全性、適切性に悪影響を与える危害因子導入の可能性の減少
4	食品製造施設 － 構造設備	・構造設備は汚染を最小限とし、適切な維持管理や洗浄消毒ができ、そ族昆虫の侵入に対して防御できるもの ・危害の発生防止のために必要な施設の衛生的構造、立地及び適切な設備の設置
5	作業の管理	・安全で適切な食品を製造するため、その原材料、組成、製造加工、流通及び消費者の用途に応じた食品ごとに、その製造や取扱いに関する効果的な管理システムの作成、実行、確認及び見直し ・食品の安全性、適切性を保証するため、作業の適切な箇所での防止措置により問題発生のおそれを減少
6	食品製造施設 － 維持管理と衛生	・施設の維持管理及び清潔、そ族昆虫の防除、廃棄物の処理、それらの手順の有効性を確認するシステムの確立 ・食品の危害因子、そ族昆虫及びその他の食品を汚染するおそれのあるものの効果的な管理の継続
7	食品製造施設 － 従事者の衛生	・従事者の健康、清潔保持及び適切な習慣により、食品を汚染するおそれのないようにする
8	輸送	・食品の汚染、解凍等を防止し、食品中の微生物の増殖、毒素の産生を効果的に管理する措置
9	製品情報及び 消費者の意識	・製品は、フードチェーンにおける食品の衛生的な取扱い及びロット識別に必要な情報を提供 ・消費者は、食品衛生に関する十分な知識を持つ
10	教育訓練	・食品を取り扱う従事者は、従事する作業について食品衛生に関する教育訓練を受ける

しかし、一覧を見てもわかりにくいと思います。【項目 4】と【項目 6】は食品製造の施設設備について、【項目 7】と【項目 10】は食品製造の従業員について示されており、項目順に把握することが容易ではありません。

そこで、【項目 5. 作業の管理】【項目 8. 輸送】【項目 9. 製品情報及び消費者の意識】を除く５つの項目について、私なりに整理してみます。

実は第２章で紹介した「フレームワーク②『安全な食品の製造要件』をヌケ無くモレ無く整える」（41 ページ）を使えば簡単です。

コーデックス委員会
「食品衛生の一般的原則」

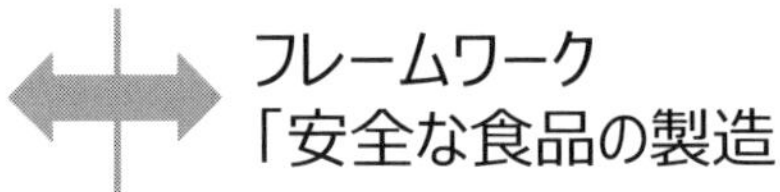

3　一次生産
4　食品製造施設－構造設備
5　作業の管理
6　食品製造施設－維持管理と衛生
7　食品製造施設－従事者の衛生
8　輸送
9　製品情報及び消費者の意識
10　教育訓練

ここでいう「ハード」は施設や設備、「ソフト」は従業員、「モノ」は原材料や半製品を指しています。さらにわかりやすくするために、具体的な例とともに整理したのが次の表です。

フレームワーク「安全な食品の製造要件」の例

	仕様	管理
ハード 施設や設備	○ 指定の材質や構造 ○ 指定の配置・位置	○ 清潔さを保つ活動*1 ○ 予防保全*2
ソフト 従業員	○ 素養を有すること ○ 指定の身だしなみ	○ 体調や携行品の管理 ○ 教育やOJT *3
モノ 原材料や半製品	○ 食材の適法性の確保 ○ 安全性を満たす食材	○ T・T管理*4

*1：4S運動（整理・整頓・清掃・清潔）など
*2：点検・修理・部品交換等を計画的に行うこと
*3：現任訓練(On-the-Job Training)
*4：温度(temperature)と時間(time)の管理

つまり、HACCPシステムを実施する前提となる**コーデックス委員会「食品衛生の一般的原則」は、「ハード・ソフト・モノ」が大きくウエイトを占め**、またその他に「作業の管理」「輸送」「製品情報及び消費者の意識」があると整理できます。

フレームワーク⑥

一般的衛生管理プログラムは**「ハード・ソフト・モノ」×「仕様・管理」**

②日本の一般的衛生管理プログラム

厚生労働省は、「地方自治体の条例で定める『営業施設基準』および『管理運営基準』など」を日本の「一般的衛生管理プログラム」として示しています。

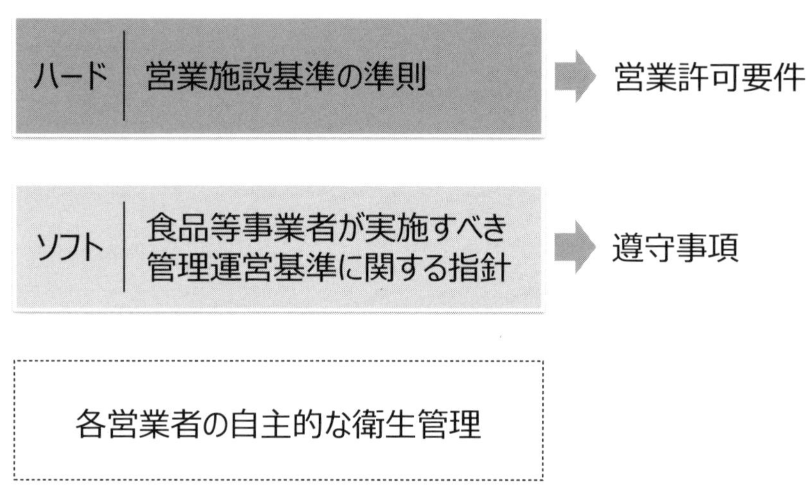

厚生労働省資料をもとに改編

特に、2004 年に制定された「食品等事業者が実施すべき管理運営基準に関する指針（ガイドライン）」は、コーデックス委員会「食品衛生の一般的原則」をもとに作成され、厚生労働省医薬食品局食品安全部長が自治体に対して営業施設の衛生管理上、講ずべき措置を条例で定める場合の技術的助言として示した文書です。

国内外の代表的な一般的衛生管理プログラム

安全な最終製品及び安全な食品の生産、取り扱い及び提供に
適切なフードチェーン全体の**衛生環境を維持するために必要な**
基本条件及び活動

Codex 食品衛生の一般的原則 (General Principles of Food Hygiene) CAC／RCP 1—1969, Rev.3—1999	厚生労働省　食品等事業者が実施すべき管理運営基準に関する指針（ガイドライン） （平成16年2月27日付け食安発第0227012号）
3 一次生産 **4 食品製造施設：構造設備** **5 作業の管理** **6 食品製造施設：維持管理と衛生** **7 食品製造施設：従事者の衛生** **8 輸送** **9 製品情報及び消費者の意識** **10 教育訓練**	第 1　施設等における衛生管理 **1 一般事項** **2 施設の衛生管理** **3 食品取扱設備等の衛生管理** **4 そ族及び昆虫対策** **5 廃棄物及び排水の取扱い** **6 食品等の取扱い** **7 使用水の管理** **8 食品衛生責任者の設置** **9 記録の作成及び保存** **10 回収及び廃棄** **11 管理運営要領の作成** **12 検食の保存** **13 情報の提供** 第 2　食品取扱者等に係る衛生管理 第 3　食品等取扱者に対する教育訓練 第 4　運搬 第 5　販売 第 6　表示

さて、「食品等事業者が実施すべき管理運営基準に関する指針（ガイドライン）」の、「第 1. 施設等における衛生管理」の項を見ると、「1. 一般事項」から「13. 情報の提供」まで多岐にわたっています。

そこで、ここでもフレームワーク手法である KJ 法を用いて、「食品等事業者が実施すべき管理運営基準に関する指針（ガイドライン）」について整理したいと思います。それぞれについてタイトルを付けてくくってみると、次のように示すことができます。

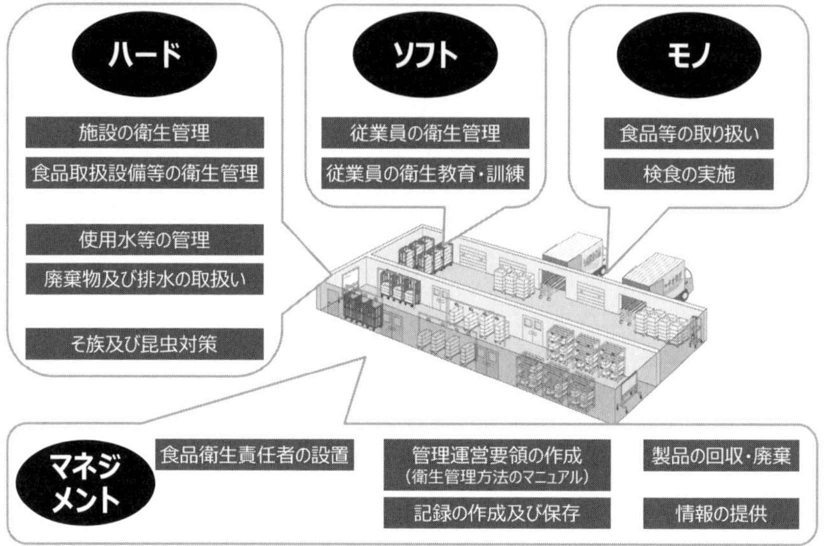

③一般的衛生管理プログラムの活用法

一般的衛生管理プログラムは「ハード・ソフト・モノ」×「仕様・管理」で整理でき、またHACCPに取り組む上で整備しておくべき衛生管理のポイントも同様のフレームワークで整理できることは前述したとおりです。

「ハード・ソフト・モノ」×「仕様・管理」で整理するフレームワーク思考は、様々な場面で活用できることがわかります。その他にも衛生管理レベルが一定以上に確保されているかどうかを確認するためにも用いることができます。

私は官民交流法に基づき農林水産省に約3年間出向し、「フード・コミュニケーション・プロジェクト（FCP）」という官民連携の活動に携わりました。ちなみに、FCPとは、消費者の「食」に対する信頼を高めるための取り組みです。農林水産省が提供するプラットフォームのもと、食品関連事業者が主体的に食品の安全や消費者の信頼確保などに取り組むプロジェクトです。

いくつかのプロジェクト活動に携わりましたが、その1つがFCP品質監査研究会の運営でした。大手のメーカーやリテーラーなど約50社の品質に関わる部門の方々が参加し、品質監査のあり方を討議するという活動です。メンバーの多くは、トレーニングを受け、多くの経験を積んでいる品質監査のプロたちです。

あるとき、私の発案で取引先の品質監査において、どういった箇所を重点的に確認するか、複数箇所を挙げていただくアンケートを取ってみました。集計してみると、ほぼ偏ること無く28の確認ポイントにまとめることができたのですが、それらは一般的衛生管理プログラムの要素といえるものが大半でした。

品質監査 28のポイント

フード・コミュニケーション・プロジェクト 品質監査研究会資料を改編

区分	項目	確認ポイント
ハード	施設及び設備の設置	・**トイレの手洗い設備**の整備 ・**入室時の手洗い設備**の整備 ・使用する水の定期的な**水質検査**の実施
	施設及び設備の管理	・**薬剤類**を施錠可能な場所に保管するなどの定位置管理の実施 ・施設の**清掃・洗浄方法**の設定 ・**有害小動物**の内部侵入防止策の実施
ソフト	従業員の衛生管理	・工場入室時の**毛髪・埃除去作業**（粘着ローラー、エアシャワーなど）の実施 ・**検便**検査の定期的な実施 ・作業者の衛生的な**入室手順**の遵守 ・**個人所持品**の持ち込みの禁止 ・侵入防止のための**セキュリティー管理**（施錠など）の実施
モノ	食品の保管及び管理	・調達時、**防虫・防鼠**対策の実施 ・製品ロットごとに原材料ロットを**トレースできる手順**の明確化
マネジメント	体制整備	・**工程図**があり、現場の実態と合っていることの確認 ・**仕様書等**の整備 ・**教育・研修**プランの設定と教育の実施
	製造工程の管理	・**製造機器・器具・備品**の食品接触面の清掃・洗浄の作業手順の定期的な実施 ・製造工程中の**機器・設備**の破損やねじ等の脱落がないことの確認 ・**備品類の混入防止**対策の実施 ・**異物検知時**の除去、及び再発防止対策の確認 ・**加熱、冷却、乾燥及び包装**の管理基準の設定と保管 ・**食品製造で使用する水：供給方法**の把握 ・食品製造で使用する水：**定期的な水質検査**の実施 ・交差汚染が起きにくいような、原材料・製品・包材の**動線**の確認 ・**アレルギー物質**の把握
	適切な表示実施	・**科学的根拠**に基づいた賞味期限表示・消費期限表示の実施 ・**ラベル表示**が正しく行われるための作業手順の設定 ・**ラベル表示**が正しく行われているかの確認作業の実施

今後、自社で品質監査に取り組みたい、あるいはすでに取り組んでいるが品質監査の仕組みや方法をあらためて見直したいと考えた際、チェックリストを作成するのに、一般的衛生管理プログラムの視点を活用できるということです。

しかも、品質監査を実際に行う際に、チェックリストをその都度見なくても、**「ハード・ソフト・モノ」×「仕様・管理」の視点で確認を進めれば、「ヌケ」や「モレ」の無い監査が実現**できます。

④法令等からみる一般的衛生管理プログラム

HACCPに取り組む際に活用できる融資制度を、食品等事業者はあまり知りません。

農林水産省に出向していた際、私はHACCPの法律に関する業務に従事していたこともあります。そのときの具体的な業務は「食品の製造過程の管理の高度化に関する臨時措置法」、いわゆる「HACCP支援法」の改正作業でした。農林水産省や厚生労働省などの役所の方々で構成される法律改正作業のプロジェクトチームに、民間人として唯一参画していました。

この「HACCP支援法」について、農林水産省は次のように説明しています。

この法律の制定以降、大手企業へのHACCP導入は進んでいますが、食品製造業界の大宗を占める中小事業者については、引き続き食品の安全性向上の取組を後押しする必要があります。

また、EU、米国をはじめ、HACCPを衛生基準として求める国際的動向がある中で、輸出促進のためには、輸出先国が求めるHACCPに対応できるよう、輸出環境の整備が課題となっています。

このような状況を踏まえ、これらの課題に対応するため、平成25年（2013年）6月にこの法律を10年間延長するとともに、HACCP導入の前段階での施設及び体制の整備である「高度化基盤整備」を支援対象とする改正を行いました（平成25年6月17日成立、同月21日公布）。

私はHACCPに取り組むにあたって一般的衛生管理プログラムなどをしっかり行うために、施設や体制を整えるべきと提案し、HACCPの導入に至る前段階の衛生・品質管理の基盤となる施設や体制の整備（高度化基盤整備）のみに取り組む場合も融資対象とすることになりました。

農林水産省は「高度化基盤整備」と称する一般的衛生管理プログラムについて、次のように説明しています。

食中毒を防止するためには、手洗いや施設の洗浄・殺菌といった一般衛生管理を十分に行う必要があります。一般衛生管理は、HACCPを導入する土台になります。

HACCP支援法では、このような**一般衛生管理及び消費者の信頼を確保するための取組などHACCP導入の前段階の体制や施設の整備を高度化基盤整備と位置付けています。**食品事業者が高度化基盤整備に取り組む場合も、施設整備への長期低利融資を受けることができます。

「高度化基盤整備」の融資支援対象を「高度化基盤整備事項確認項目」と称して、網羅的かつ具体的に取りまとめました。

これらの項目は、次のような法令等に記載されている内容のうち、HACCP導入の基盤となる衛生管理及び品質管理に関して実施すべき事項に該当するものを参考に作成しました。

- 食品衛生法関係の規定
- 食品安全等に関わる規格
- 消費者の信頼確保のために実施することが望ましい事項として、国等が示しているガイドライン　など

食品衛生に関する国内通知等とその内訳

	義務 推奨	設備環境の仕様	設備管理 食品等の取扱い 営業者、従事者
食品等事業者が実施すべき管理運営基準に関する指針（ガイドライン） （平成16年２月27日付け食安発第0227012号厚生労働省通知） ※本通知自体は義務ではなく、これをもとに条例を制定	義務		○
営業施設基準の準則　（昭和32年9月9日付け衛環発第43号厚生省通知） ※本通知自体は義務ではなく、これをもとに条例を制定	義務	○	
食品の衛生規範 ・弁当及びそうざい　（昭和54年6月29日付け環食発第161号厚生省通知） ・漬物　（昭和56年9月24日付け環食発第214号厚生省通知） ・洋生菓子　（昭和58年3月31日付け環食発第54号厚生省通知） ・セントラルキッチン／カミサリー・システム　（昭和62年1月20日付け衛食発第6号厚生省通知） ・生めん類　（平成3年4月25日付け衛食発第61号厚生省通知）	推奨	○	○
食品衛生監視票（平成16年4月1日付け食安発第0401001号厚生労働省通知）	義務	○	○
営業許可の基準（34業種、都道府県条例）	義務	○	
大量調理施設衛生管理マニュアル （平成９年３月24日付け衛食発第85号厚生省通知）	推奨	○	○
（参考）**Codex/RCP1-1969（食品衛生の一般原則）** ※米国で低酸性缶詰、水産品、食肉・食肉製品、ジュースについて義務		○	○

また、まとめる際にフレームワーク手法である「5M+1E」（17ページ参照）を活用して体系的に整理しました。

高度化基盤整備事項確認項目の構成

品質監査の際には、「ハード・ソフト・モノ」×「仕様・管理」の視点で確認を進めれば、「ヌケ」や「モレ」が無いと述べてきました。この「高度化基盤整備事項確認項目」について、すべての項目に一気に取り組まなくても構いません。「法令等で実施すべき遵守事項（義務事項）」を◎印で、その他の取り組むことが望ましい事項を○印の２段階のレベルがわかるように大別しています。まずは、**「法令等で実施すべき遵守事項（義務事項）」を点検し整備することをお勧め**します。

中小事業者や新規参入事業者からグローバル対応を目指す組織まで、様々な食品安全への取り組みレベルで利用が可能なので、現状と目標に応じて着実に実施してみてください。専門的な言い回しを避けて、極力短くてわかりやすい項目名にしています。また各項目が実践できているかどうかを「はい・いいえ」で判定できるため、自己点検にも活用できます。

⑤ 5S

食品衛生を支える土台として、いろいろと論理的な視点で述べてきましたが、それ以前に**大切なのは「5S」**です。

5Sとは「整理（Seiri）」、「整頓（Seiton）」、「清掃（Seisou）」、「清潔（Seiketsu）」、「習慣（Shuukan）」のことであり、それぞれをローマ字に置き換えたときの頭文字を取って「5S」と名付けられました。さらに、食品産業に即し「洗浄・殺菌」の２つの「S」を加えた食品衛生「7S」もあります。

5Sで安全性の向上を図る

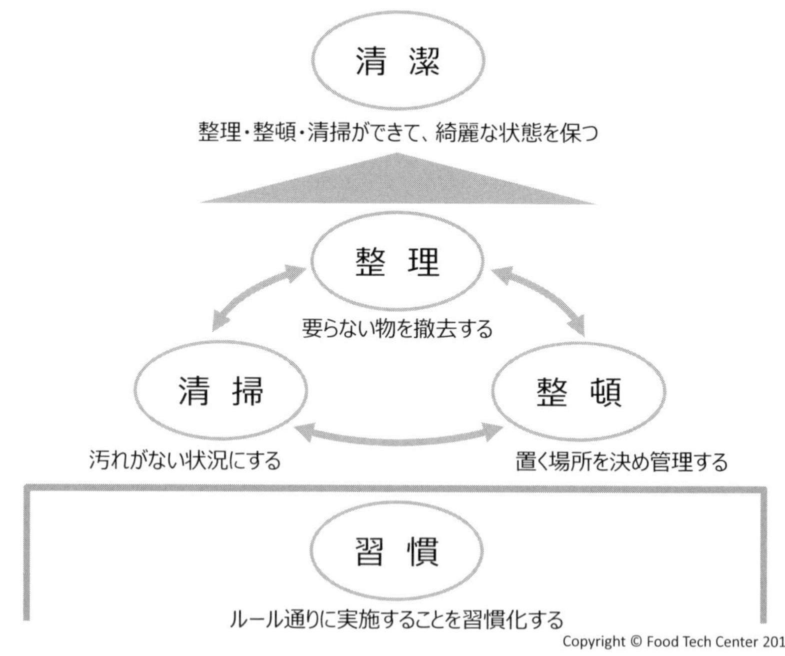

いずれも活動の目的は「清潔」で、食品に悪影響を及ぼさない状態を作ることです。製造現場にある流し台の下に、使いかけの洗剤や洗浄用具、潤滑油のスプレー缶などがころがっているのを目にすることがあります。乱雑な状態で不衛生だと思っていても、見慣れてくると、いつしか異常だと感じなくなり、まるでいつもの風景のように思ってしまいます。私は**一般衛生管理を整えてHACCPに取り組む前に、まずは製造現場の片付けを行うことを勧めています**。

製造環境と製造機械・器具を清潔にすることで、食品への二次汚染や異物混入を予防することができ、安全性の向上を図ることができるからです。

フレームワーク⑦

一般的衛生管理プログラムは**「5S」**からスタート

参考までですが、「3定」というフレームワークがあります。3定とは5Sの「整頓」について、取り組み方をまとめたものです。以下の**3定を実施することで、「ものを探す無駄」と「ものを紛失するロス」が無くなります**。

- 定品……決まったものを置くこと
- 定位……置き場を決めること
- 定量……決まった量だけを置くこと

食中毒予防3原則とHACCPの構造

「食中毒予防3原則」は、食中毒の原因の大部分を占めるウイルスや細菌を対象とした予防原則です。**「細菌を付けない（清潔・洗浄）」、「細菌を増やさない（迅速・冷却）」、「細菌を殺す（加熱・殺菌）」の3つの原則を守ることができれば食中毒の発生を未然に防止することができます**。

最近では、原材料などからの汚染も想定して、「持ち込まない」を加えた「食中毒予防4原則」を提唱することもあります。

食中毒予防3原則

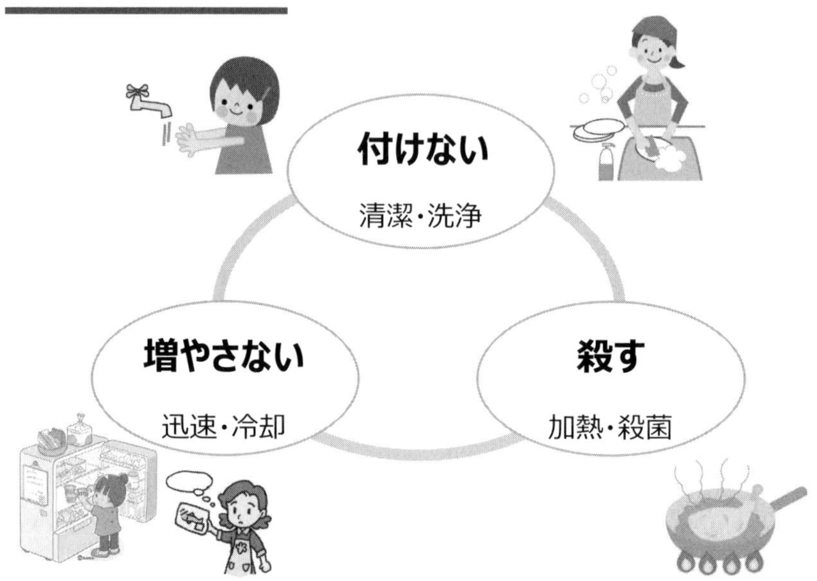

①細菌を付けない（清潔・洗浄）

動物や人の糞便が主な汚染源である「腸管出血性大腸菌」については、僅かな菌数（1gあたり数十個程度）の摂取で食中毒を起こすため、他の細菌と比較して特に「付けない」ための手洗いと二次汚染の防止が重要です。

また､同様に「付けない」ことにこだわるべき微生物は「ノロウイルス」です。細菌と違ってノロウイルスは食品上では増殖しないため「増やさない」対応は無効で､「付けない」とともに「殺す」が有効で重要な手段となります。

食中毒を起こす細菌は、魚や肉、野菜などの食材に付いていることがほとんどです。この食中毒菌がヒトの手指や調理器具などを介して、他の食品を汚染し食中毒の原因となります。そのため、**手指や器具類の洗浄・消毒、食品の区分け保管、調理器具を用途別に使い分けるなどの対応が必要**となります。

食べる直前に加熱する食品については、加熱が十分であれば「殺す」を達成できるので比較的安心です。しかし、加熱調理後に手指や道具を介した二次汚染による食中毒もしばしば発生するので、**加熱後の「付けない」にも注意**する必要があります。

②細菌を増やさない（迅速・冷却）

食品に食中毒菌が付いたとしても、食中毒が発生する菌量まで増えなければ、食中毒にはなりません。食品に付いた菌は時間の経過とともに増えるので、**迅速に調理を行い、調理後は早く食べることが大切**です。

また、食中毒菌が増殖しやすい環境に食品や食材を置かないことも重要です。増殖が速い菌は、増殖に最適の環境下では、菌数が2時間で数千倍にも増えることを念頭に置いておく必要があります。細菌は通常10℃以下で増殖しにくくなるので、食品を扱うときには**室温に長時間放置せず、冷蔵庫に保管する**ようにしましょう。

③細菌を殺す（加熱・殺菌）

一般的に食中毒を起こす細菌は熱に弱く、食品に細菌が付いていても加熱すれば死んでしまいます。**加熱は最も効果的な殺菌方法**ですが、加熱が不十分で食中毒菌が生き残り、食中毒が発生する例が多いので、**調理温度を意識する習慣をつけてください**。また、調理器具は洗浄した後、熱湯や塩素剤などで消毒することが大切です。

十分に加熱していても、芽胞の形態で生き残る菌（芽胞形成菌）もあります。芽胞とは、一部の細菌が増殖に適さない環境になったときに形成する、耐久性の高い特殊な細胞構造をいいます。熱・薬剤・乾燥などに強い抵抗力を示し、長期間休眠状態を維持でき、いわば鎧をまとった種のようなものです。

このような芽胞形成菌によってしばしば起こる食中毒として、前日に作った煮物やカレーによる「ウエルシュ菌」の食中毒が主な例として挙げられます。これは、深鍋で加熱する過程で生き残った耐熱性のあるウエルシュ菌の芽胞が、一晩室温に置かれている間に発芽増殖することによるものです。このような料理については、翌日提供する前に再加熱をしても、加熱が不十分な場合には増殖した菌によって食中毒が引き起こされます。

ところで、この食中毒予防３原則についても、フレームワークの１つ「KJ 法」（19ページ参照）で整理できます。タイトル（ハード・ソフト・モノ）と組み合せてみると、HACCP の構造は次のように示せます。

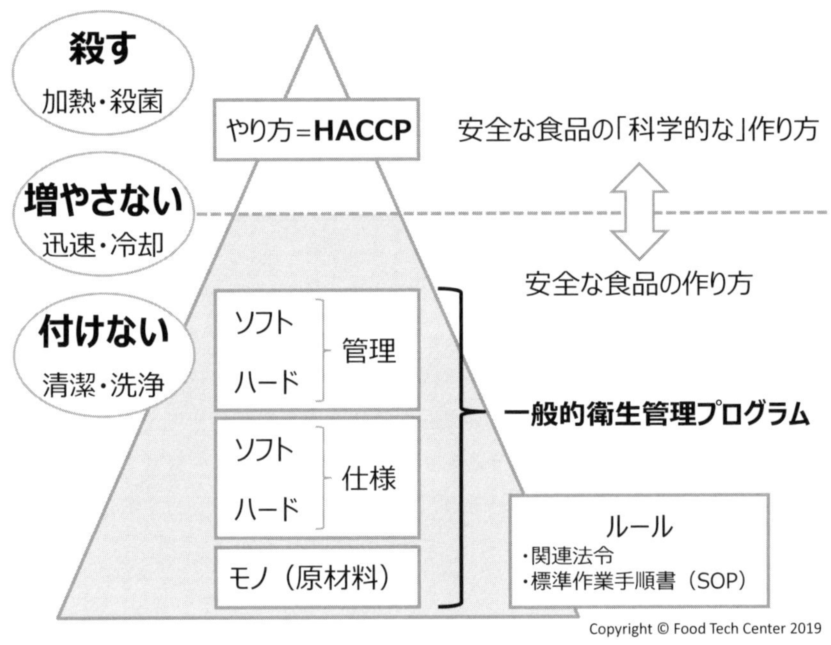

このように体系化すると、HACCP に取り組むためにどういった要素が必要なのか、一目瞭然だと思います。

フレームワーク⑧

HACCP の構造は **「食中毒予防３原則」×「ハード・ソフト・モノ」**

良い原材料の確保

良い製品とは「品質が良い」「コストが低い」「納期が早い」の３つの条件が高いレベルでバランス良く満たされたものです。

品質の良さには、当然「安全対策」も含まれます。衛生的な工場で製造を行ったとしても、原材料が汚染されていた場合、製品の衛生・品質水準に大きく影響を及ぼすことになります。**安全で品質の良い製品を作るには、安全で品質の良い原材料を使うことが不可欠**です。

農畜水産物（一次生産物）の原料は、衛生・品質水準が一定しないことがあるため、必要量の確保にだけ目を向けず、衛生・品質水準を確保する視点での管理が求められます。

最終製品の検査だけでは品質を保証できません。例えば、100 個製造したうちの１個の製品を出荷検査（出荷できるかを確認する検査）し、問題が無いことを確認したとしても、残り 99 個の製品が確実に安全だといい切ることはできません。**工程検査や出荷検査を厳しくすることで、不良品を多く見つけることはできても不良品自体は減らない**のです。

不良品を減らすには､製造品質に影響する要素を管理することが求められます。この製造品質に影響する要素についてはフレームワーク「4M 変動因子」(16 ページ参照）で解説しました。中でも、良い原材料の確保が管理の基本となります。その上で、工程ごとに品質の作り込みを行うことで、製品品質を保証する仕組み「源流管理」が望ましい姿と考えます。

源流管理への転換

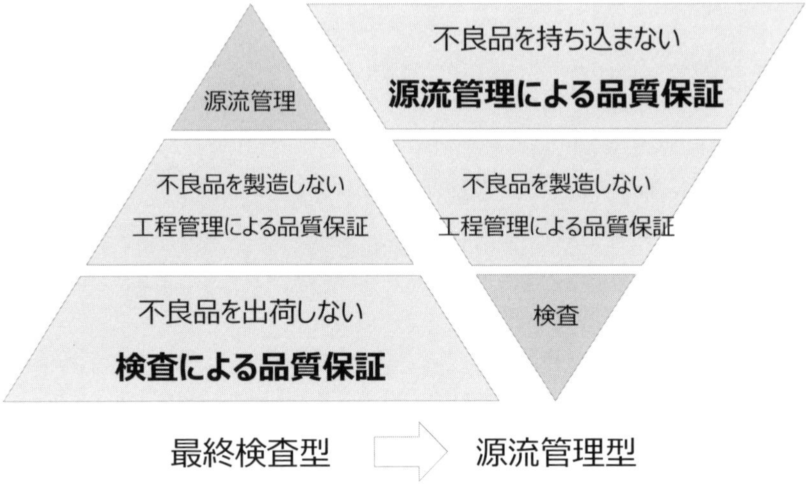

源流管理
不良品を製造しない
工程管理による品質保証
不良品を出荷しない
検査による品質保証

不良品を持ち込まない
源流管理による品質保証
不良品を製造しない
工程管理による品質保証
検査

最終検査型 ⇨ 源流管理型

TDK株式会社ホームページより改編

①原材料の供給者の選定

原材料の供給者を選定するポイントには、次のようなものが挙げられます。

- ・入手した原材料の見本が、希望する仕様に合致しているか。
- ・供給者の品質管理や食品安全管理の体制が整備されているか。
- ・供給者は緊急時、苦情発生時の連絡、処置体制が構築され、訓練も実施されているか。
- ・供給者の製造、加工工程を確認し問題が無いか。
- ・納期の遅延や欠品等の発生件数、輸送車両の管理状況、荷姿の不良発生状況に問題が無いか。
- ・品質、安全に関する異常やクレームの発生件数と、その対応内容（改善措置）が妥当か。
- ・供給者から定期的に入手する品質規格検査（微生物検査、理化学検査など）の結果が妥当か。

様々な項目がありますが、このままでは多岐にわたっていて要領を得ません。そこで、原材料選定におけるフレームワーク「QCD」を用いてみます。

QCDとは「Quality（品質）」、「Cost（価格）」、「Delivery（調達）」のことです。通常、商品を製造する際に考慮すべきポイントですが、原材料選定にも同じことがいえます。最近では、「開発力」や「製造拠点」といったポイントを加えて評価するケースもあります。

QCDによる評価について、「品質」の評価は開発部門や品質保証部門が、また「価格」や「調達」の評価は購買部門が担当するのが一般的です。ここで見落としてはならないことは、**「QCDによる評価の進め方」と「QCDによる評価について総合的に判断する方法」をしっかり押さえる**ことです。

1）QCDによる評価の進め方

以前、私は新商品開発に関わる研究に携わっていたことがあります。その頃の業務についてひと言で言い表す言葉がなく、「微生物学的品質保証」と称していました。例えば、「耐菌性のある処方の設計」、「加熱殺菌の条件設定と妥当性確認」、「製造委託先企業に対する衛生管理の品質要求事項の洗い出し」など、商品の開発段階だけでも、防腐性の確保には様々な対応が必要となります。

そのような経験もあり、食品衛生の管理を行う上で、より良い原材料の選定を行うことができれば、日々の衛生管理の作業が楽になることを、肌身で感じていました。

ところで、原材料の選定については、ほとんどの企業が開発部門の主導で行っていると思います。また、試作品を品質評価する段階で、その原材料が無くては商品にならないような設計が進んでいたり、購買部門によってすでに価格交渉が終わっていたりすることもあると思います。

私が「微生物学的品質保証」に取り組んでいた際、試作品について防腐性を評価し、品質項目の要求を行っていました。

あるとき、原材料メーカーから「品質関連の要求を追加するのであれば、すでに提示した価格の見直しが必要である」との連絡を受けました。原材料の処方配合の見直しや製法の変更といった大きな修正を要求したものではなく、このままでは不十分であると考えた微生物規格を追加するよう要求しただけでした。その後、社内調整と交渉を繰り返し、妥当な内容が得られて商品化にこぎつけることができましたが、多大な時間を費やしてしまいました。

この経験から、通常、購買部門が担当する「価格交渉」と、品質保証部門が担当する「品質交渉」を合わせて行うべきと考えました。その後、開発フローの見直しを提案し、開発部門が新しい原材料で試作した段階で、衛生管理の確認を行うようにしました。

つまり、「評価の進め方」については、その順番も重要ということです。「価格交渉」先行型を見直し、「品質交渉」と一緒に原材料の採用を進めることをお勧めします。

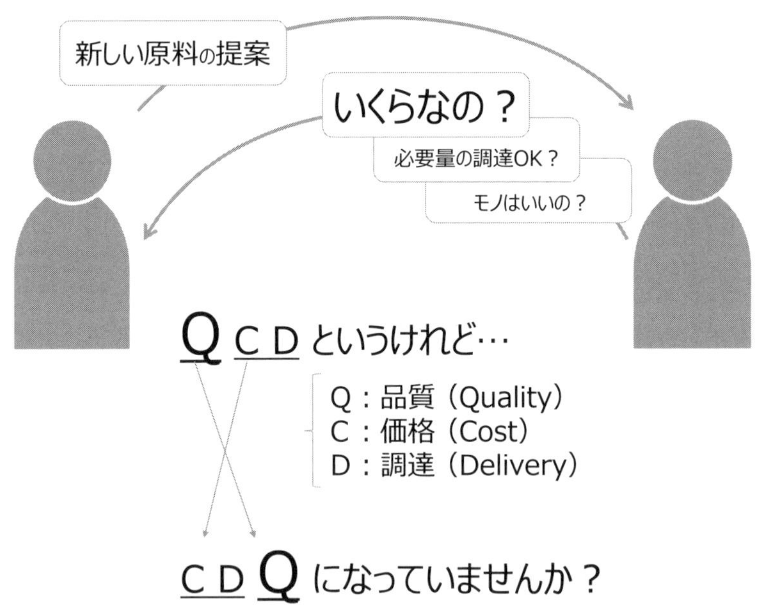

2）QCDによる評価を総合的に判断する方法

原材料の供給者の選定にあたって、各部門から提出された評価結果を機械的に集計してはいけません。総合的に評価し判断するためには、個々の評価の意味を理解することが不可欠です。

ところが、製品の高度化や組織の巨大化から組織間の壁が高くなり、技術的なことは技術部門に丸投げしている企業が少なくありません。**個々の原材料の特性を考慮して、QCDごとに評価のウエイトを変えたり、最低限の合格ラインを設けたりするなど、臨機応変に対応することが必要**です。

フレームワーク⑨

原材料の選定「QCD」は順序やバランスが大切

②原材料の供給者の検証・評価

原材料の品質や安全性などの仕様を決めて、原材料の供給者を選定する際、一般的に次のような進め方で検証・評価します。

1. 採用候補の原材料の見本が、希望する仕様に合致しているかを試作などで確認

2. 仕様に適合した場合、品質適合書（COC）や試験成績書（COA）などの書類審査
   - 品質適合書（Certificate of Conformance, CofC, COC）
   - 試験成績書（Certificate of Analysis, CofA, COA）

3. 必要に応じて、製造加工の現場確認

ところが、すべての原材料に対してこういった検証・評価をするのは、物理的に無理がある場合があります。そこで、私は**原材料の選定フレームワーク「QCD」の「Q（品質）」に重点をおく分類で評価基準を作ることをお勧め**しています。基準作りにあたっては「その時点で最新の科学的・技術的知見に基づくこと」が望ましいでしょう。また、原材料の供給者の検証・評価について、「三現主義」に則ると整理しやすくなります。

三現主義とは、**「現場に行き」「現物をよく観察し」「現実（現象）を把握して」対応すること**です。問題を解決する上で、事実を正しく把握するための品質管理手法の１つとして知られています。

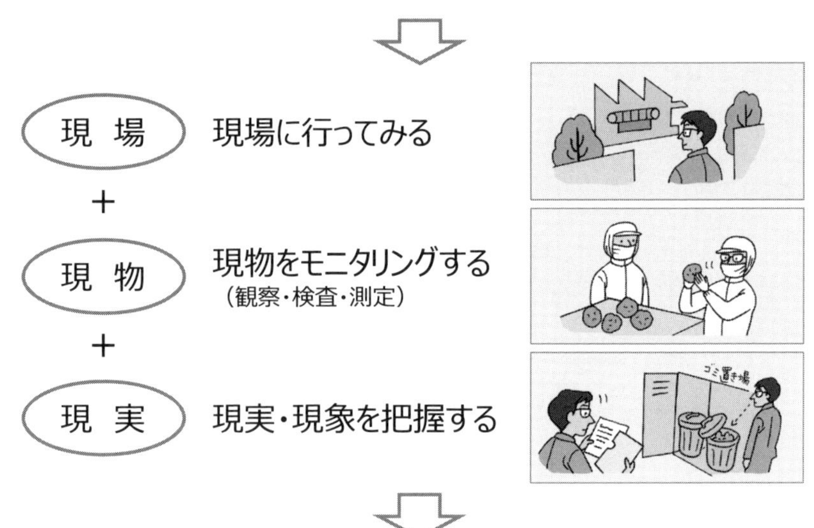

③参考情報……米国の場合

米国は1997年からHACCPによる衛生管理が一部の食品（水産物及びジュースの加工・輸入、食肉及び食肉製品）に義務付けられています。また、2011年1月には「食品安全強化法（Food Safety Modernization Act ／ FSMA）」が成立し、2016年9月から段階的に、米国内で消費される食品の製造・加工、包装、または保管を行うすべての施設において、HACCPの考え方を取り入れた措置の計画・実行が義務付けられています。

「食品安全強化法(FSMA)」の103条は「ヒト向け食品に対する予防コントロール(Preventive Controls for Human Food ／ PCHF)」と呼ばれ、7章立ての構成となっています。特に、最終章のサブパートGは「サプライチェーンコントロール」と称して、原材料の仕入れ先の管理をまとめたサプライチェーンプログラムの構築・実行のための要件、受入施設の責任などを示しています（サブパートC：ハザード(危害要因)分析及びリスクに応じた予防管理で必要と認めた原材料のみ)。

食品安全強化法103条（ヒト向け食品に対する予防コントロール）

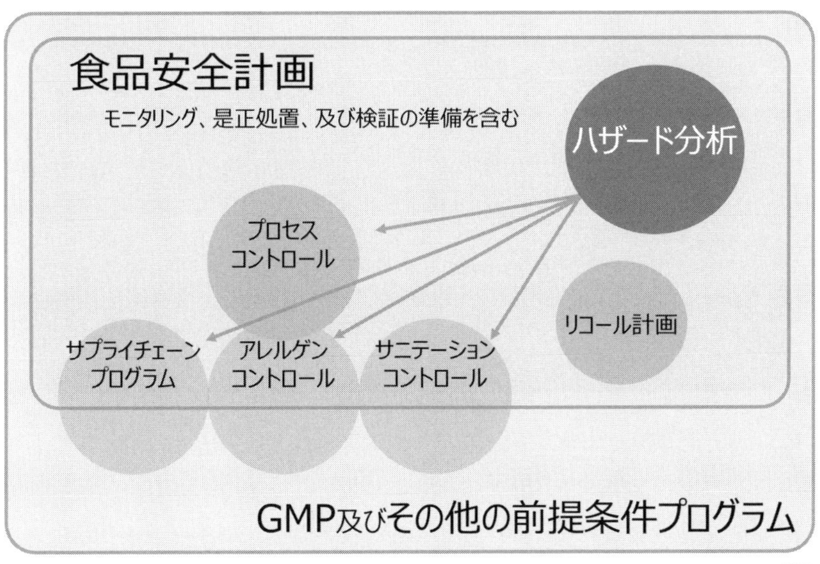

FSPCA Preventive Controls for Human Food Participant Manual 改編

第 4 章

フレームワーク思考でわかる HACCP 構築のポイント

HACCPシステムのフレームワーク【7原則12手順】

企業としてHACCPの導入を決定したら、1993年にコーデックス委員会により示されたガイドライン（HACCPシステム適用のための【7原則12手順】）に基づいて、衛生管理の計画書である「HACCPプラン」を作成します。そして、プランに沿って衛生管理を適切に実施していくことになります。

HACCPの構築　7原則12手順

手順1	HACCPチームの編成	製品を作るための情報がすべて集まるように、各部門の担当者が必要
手順2	製品説明書の作成	製品の安全管理上の特徴を示すもの
手順3	意図する用途及び対象となる消費者の確認	体の弱い人のための食品ならば、より衛生等に気をつけることが大切
手順4	製造工程一覧図の作成	工程について危害要因を分析するため
手順5	製造工程一覧図の現場確認	工程が勝手に変更されていないか、間違いがないかを確認
手順6　原則1	危害要因の分析	原材料や製造工程で問題になる危害の要因を列挙
手順7　原則2	重要管理点の決定	製品の安全を管理するための重要な工程（管理点）を決定
手順8　原則3	管理基準の設定	重要管理点で管理すべき測定値の限界（パラメーターの許容限界）
手順9　原則4	モニタリング方法の設定	管理基準の測定方法を設定
手順10 原則5	改善措置の設定	管理基準が守られなかった場合の製品の取扱いや機械のトラブルを元に戻す方法を事前に設定
手順11 原則6	検証方法の設定	設定したことが守られていることを確認
手順12 原則7	記録と保存方法の設定	検証するためには記録が必要で、記録する用紙とその保存期間を設定

具体的には、次のような手順で進めます。

【手順1】で編成したHACCPチームは、【手順2～手順5】で得られた情報やデータに基づいて、【手順6】の「ハザード（危害要因）分析」を行い、さらにこの結果と【手順7～手順12】に従ってCCP（重要管理点）を決定。**CCPにおける管理基準、モニタリング、改善措置、検証、記録の対象とその保存方法を定め、これらを取りまとめます。これが「HACCPプラン」**です。

HACCPプランは、施設ごと、個別製品の種類ごとに作る必要があります。なぜなら施設ごとに設備、原材料、製造工程、一般的衛生管理プログラムなどが異なり、ハザードの種類やそのコントロールのための方法も異なるからです。施設、食品の種類、製造工程ごとに、それぞれ最適な管理プランを作って実施しなくてはなりません。

ただし、すべての製品についてHACCPプランの作成が義務付けられているわけではありません。必要な製品だけで構いません。

ハザード（危害要因）分析【手順6原則1】

「ハザード（危害要因）分析」とは、HACCPプランで管理すべき「重要なハザードを決定」し、それぞれのハザードに対する「管理手段を特定」することです。

ハザード分析を行うことによって、起こり得る危害要因の程度に応じた、その施設としての適切な管理システムを作ることができます。**ハザード分析がHACCPプラン作成の根幹**といっても過言ではありません。

ハザード分析を行うためには、まず「ハザード分析リスト」を作成します。

ハザード（危害要因）分析リスト

第1欄	第2欄	第3欄		第4欄	第5欄	第6欄
原材料 及び 製造加工工程	第1欄に由来の ハザード ＋ 発生要因	「HACCPプランで管理すべき重要なハザード」				CCPか？
		評価軸		評価した理由	管理手段	
		起こり やすさ	重篤性			
	B生物的					
	C化学的					
	P物理的					
	B生物的					
	C化学的					
	P物理的					
	B生物的					
	C化学的					

原材料から最終製品に至るまでをフローダイアグラム（製造工程図）の順に、ハザードの発生につながる可能性のある原材料と工程を特定し、各工程におけるハザード、その発生要因（汚染、増殖、生残、混入など）と制御するための管理手段を一覧にしたものです。

以下に「ハザード分析リスト」を作成するためのステップを紹介します。

ハザード（危害要因）分析リスト作成ステップ

ステップ 1　原材料・製造加工工程を列挙

ステップ 2　原材料・製造加工工程に由来する
ハザード（危害要因）と発生要因を列挙

ステップ 3　列挙したハザード（危害要因）のうち
重要なハザードを特定

ステップ 4　重要なハザード（危害要因）の管理手段を特定

①ステップ 1……原材料・製造加工工程を列挙

原材料及び原材料受け入れから最終製品の出荷までの製造加工工程で、ハザードの発生に関係すると思われる工程をフローダイアグラムに沿って第１欄に列挙します。

ハザード（危害要因）分析リスト作成：ステップ1

第1欄	第2欄	第3欄		第4欄	第5欄	第6欄
原材料及び製造加工工程	第1欄に由来のハザード＋発生要因	「HACCPプランで管理すべき重要なハザード」				CCPか？
		評価軸		評価した理由	管理手段	
		起こりやすさ	重篤性			
	B生物的					
	C化学的					
	P物理的					
	B生物的					
	C化学的					
	P物理的					
	B生物的					
	C化学的					

原材料・製造加工工程を列挙

②ステップ 2-1……原材料・製造加工工程に由来するハザードを列挙

原材料に起因したハザードを具体的に第２欄に列挙します。あわせて、製造加工のそれぞれの工程で生じる可能性のあるハザードも列挙します。

コーデックス委員会が示したフレームワーク「BCP」に分けて示します。

生物的（Bio）……病原微生物　など
化学的（Chemical）……残留農薬、抗生物質、洗浄剤・消毒剤　など
物理的（Physical）……金属片、ガラス片　など

ハザード（危害要因）分析リスト作成：ステップ2-1

第1欄	第2欄	第3欄		第4欄	第5欄	第6欄
原材料 及び 製造加工工程	第1欄に由来の ハザード ＋ 発生要因	「HACCPプランで管理すべき重要なハザード」				CCPか？
		評価軸		評価した理由	管理手段	
		起こり やすさ	重篤性			
	B生物的					
	C化学的					
	P物理的					
	B生物的					
	C化学的					
	P物理的					
	B生物的					
	C化学的					

原材料・製造加工工程に由来する
ハザード（危害要因）を列挙

また、ハザードを列挙する際、**すでによく知られていて、発生することが予測されるものを選定する**のがポイントです。

例えば、「疫学的な情報、原材料の汚染実態調査などを参考に、原材料に起因するハザード」や「作業実態の調査、フローダイアグラム、施設の図面などを参考に、各工程に起因するハザード」などです。

③ステップ 2-2……ハザードの発生要因を列挙

「ハザードの発生要因」とは、各工程でハザードが健康被害を起こすレベルまで、混入したり、増大したりする原因を指します。

そこで、「食中毒予防3原則」（61ページ参照）をもとにして「ハザードの発生要因」について考えてみます。「付けない」、「増やさない」、「殺す」という食中毒予防3原則は、食中毒原因の大部分を占めるウイルスや細菌を対象とした予防原則です。

ところで、「付けない」、「増やさない」、「殺す」について、それぞれの反対語は何でしょうか。

答えは「付けない」⇔「付ける」、「増やさない」⇔「増える」、「殺す」⇔「生き残る」。つまり、**「食中毒予防できない３原則」とは、「付ける」「増える」「生き残る」**といえます。

さらに、「原材料・製造加工工程に由来する３種類のハザード」では、それぞれどう言い換えられるかを確認してみましょう。

ハザード（危害要因）の発生要因とは

食中毒予防3原則	食中毒予防できない3原則	ハザード（危害要因）の発生要因		
		生物的	化学的	物理的
付けない	付ける	汚染	混入	混入
増やさない	増える	増殖	−	−
殺す	生き残る	生残	残留	残存

「ハザードの発生要因」を考えることは、食中毒予防３原則を達成することであり、HACCPに取り組む目的の１つでもあるのです。

ハザード（危害要因）分析リスト作成：ステップ2-2

第1欄	第2欄	第3欄	第4欄	第5欄	第6欄
原材料 及び 製造加工工程	第1欄に由来の ハザード ＋ 発生要因	「HACCPプランで管理すべき重要なハザード」			
	B生物的				
	C化学的				
	P物理的				
	B生物的				
	C化学的				
	P物理的				
	B生物的				
	C化学的				

生物的ハザード（危害要因）

・微生物**汚染**を受ける可能性があるか
・微生物が**増殖**する可能性があるか
・微生物が**生残**する可能性があるか

化学的ハザード（危害要因）

洗剤、殺虫剤、潤滑油など化学物質が、
・食品に**混入**する可能性があるか
・食品に**残留**する可能性があるか

物理的ハザード（危害要因）

金属片、ガラス片などの硬質異物が、
・食品に**混入**するか
・除去されずに**残存**するか

④ステップ３……列挙したハザードのうち、重要なハザードを特定

1）リスクの考え方

列挙されたハザードのうち、重要なハザードを特定するためには、何を行えばいいのでしょうか。

食品安全委員会はハザード分析を次のように定義付けています。

食品中に含まれるハザードを摂取することによってヒトの健康に悪影響を及ぼす可能性がある場合に、その発生を防止し、又はそのリスクを低減するための考え方（最終更新日 2019 年 12 月）

リスクと聞くと、マイナスのイメージを思い浮かべる人が多いと思いますが、リスクとは「不確実性」ということ。設定した基準からマイナスにもプラスにも外れる可能性があります。

2）リスクの見える化

リスク管理はどんな業種や業態でも基本的に似ています。**リスク管理の手法には、リスクの定性分析や定量分析といった技術が必要**です。これはリスクを「数値化（優先度付け）」して「見える化」することです。

リスクの見える化を図るためのフレームワークの１つである「PIマトリクス（Probability Impact）」を用いてみます。これは、縦軸に「起こりやすさ（Probability）」、横軸に「重篤性（Impact）」を取った分析表です。

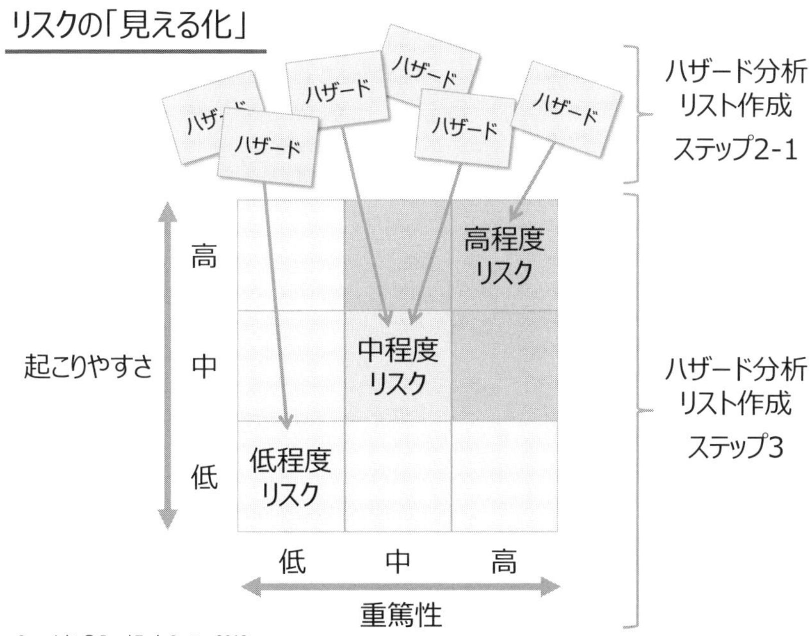

ここでのポイントは２つ。縦軸の「起こりやすさ」と横軸の「重篤性」の基準の設定、そしてリスクの数値化（優先度付け）です。

例えば、製品を喫食したときのリスクとして、縦軸「起こりやすさ」と横軸「重篤性」に、それぞれ重要と考える基準を設定します。

また、縦軸と横軸それぞれの軸に、低＝１点、中＝２点、高＝３点と点数を振り分けて、それぞれの軸が交差するところに、掛け合わせた点数を付けていきます。

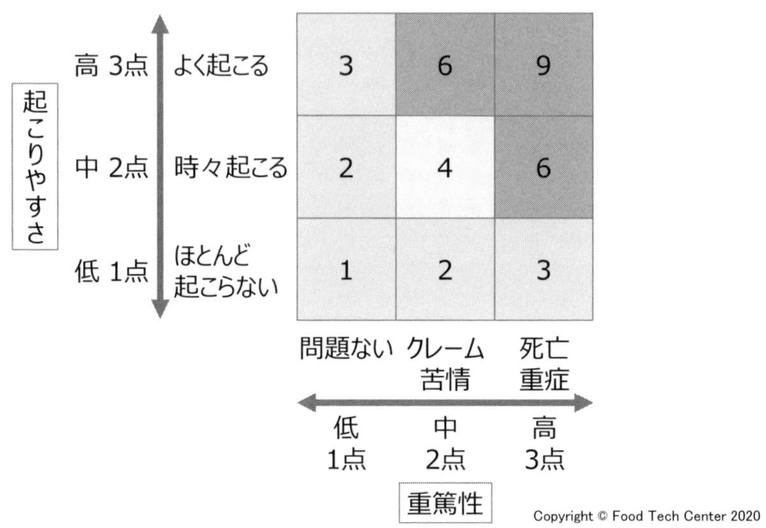

このPIマトリクスに、原材料・製造加工工程において列挙したハザードをプロットしていくことで、それぞれのハザードを数値化することができます。**リスクの高いものから優先的に実行するために「定性定量リスク分析＝PIマトリクス」手法は極めて有効**です。

フレームワーク⑩
「起こりやすさ」×「重篤性」でリスクを見える化

3）＜ステップ２＞で列挙したハザードのリスク分析

製品特性と製造工程において、ハザードが発生する可能性を過去の食中毒や事故の発生例、自社における経験や実績、原材料メーカーによる管理や保証、専門家のアドバイスなどに基づいて、個別かつ具体的に「起こりやすさ」と被害の「重篤性」を検討することが重要です。

〈ステップ2〉で**列挙したハザードについて「起こりやすさ」と「重篤性」の観点で評価**し、重要な場合は○を、重要でない場合は×を、第3欄に記します。

法令等に基づく規格基準のあるハザードは、原則として「起こりやすさ」または「重篤性」の高いものとして分類します。

また、評価した結果、「起こりやすさ」が無視できるほど低く、健康被害に結びつかないほど「重篤性」が低い場合は、HACCP プランの対象から外します。

合わせて、第 4 欄には先に述べた過去の食中毒や事故の発生例、自社における経験や実績などの判断根拠を具体的に記載します。

記入例として以下のようなものが挙げられます。

第 4 欄の記載例（第 3 欄が○の場合）

・原材料の生産段階で汚染、増殖、生残し、持ち込む可能性がある

・加熱や殺菌が不十分な場合に、病原微生物が生残する可能性がある　など

第 4 欄の記載例（第 3 欄が×の場合）

・原材料メーカーの品質規格書や検査成績書を定期的に確認している

・自社衛生管理マニュアルで管理できている　など

ハザード（危害要因）分析リスト作成：ステップ3

第1欄	第2欄	第3欄		第4欄	第5欄	第6欄
原材料及び製造加工工程	第1欄に由来のハザード＋発生要因	「HACCPプランで管理すべき重要なハザード」				CCPか？
		評価軸		評価した理由	管理手段	
		起こりやすさ	重篤性			
	B生物的					
	C化学的					

第3欄に○を記入する場合

・法令等に規格基準のあるハザードを管理する場合

・（PI マトリクス手法などから）リスクの大きいハザードを管理する場合

第3欄に×を記入する場合

・ハザードを一般的衛生管理プログラムで管理できる場合

・一般的衛生管理プログラムでより適切な管理ができる場合

（第4欄に「原材料をメーカーが管理」「衛生標準作業手順（SSOP）で管理」など記述）

⑤ステップ 4……重要なハザードの管理手段を特定

〈ステップ3〉で重要と評価されたハザードについて、対応する管理手段をハザード分析リストの第5欄に記述します。

管理手段とは、ハザードの発生を予防、排除、許容レベル以下に収めるための行動、措置のことをいいます。

〈ステップ1〉から〈ステップ4〉までの作業の結果、原材料と工程、対応するハザードと発生要因、管理手段を一覧にした「ハザード（危害要因）分析リスト」ができあがります。

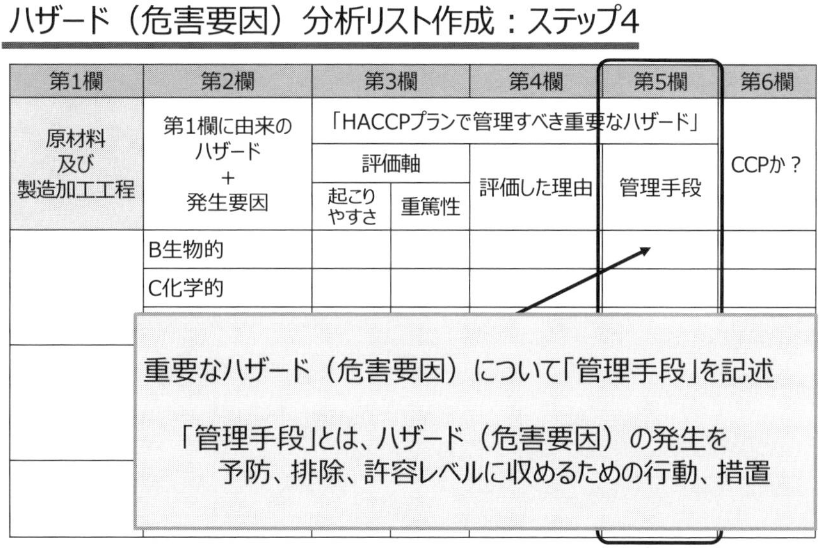

ハザード（危害要因）分析リスト作成：ステップ4

第1欄	第2欄	第3欄		第4欄	第5欄	第6欄
原材料及び製造加工工程	第1欄に由来のハザード＋発生要因	「HACCPプランで管理すべき重要なハザード」				CCPか？
		評価軸		評価した理由	管理手段	
		起こりやすさ	重篤性			
	B生物的					
	C化学的					

重要なハザード（危害要因）について「管理手段」を記述

「管理手段」とは、ハザード（危害要因）の発生を予防、排除、許容レベルに収めるための行動、措置

CCP（重要管理点）の決定【手順7原則2】

「CCP（重要管理点）」とは、「食品からハザード（危害要因）を減少あるいは除去するために、その施設として不可欠な工程で、特に厳重に管理する必要がある手順、操作、段階」のことです。

以前は、厳重な管理が必要な工程として、一般的衛生管理プログラムで管理すべき工程も含む多くのCCPを設定する傾向がありました。不必要なCCPを設定

することで、モニタリングなどに無駄な労力を費やすことになり、業務に負荷がかかるばかりか、CCPの管理がおろそかになる可能性があります。

そうならないためにも、**ハザードを防止し、それを保証するために、確実に必要なCCPとはどのような工程なのかを、正しく理解する必要があります**。

CCPのポイントは次の3つです。

・あらかじめ設定したモニタリング（手順9原則4）方法がある。
・連続的に、または相当の頻度で監視できる。
・CL（管理基準、手順8原則3）を逸脱した場合、短時間で改善措置（手順10原則5）を行うことができる。

ハザード（危害要因）分析リスト作成：CCPの決定

第1欄	第2欄	第3欄		第4欄	第5欄	第6欄
原材料及び製造加工工程	第1欄に由来のハザード＋発生要因	「HACCPプランで管理すべき重要なハザード」				CCPか？
		評価軸		評価した理由	管理手段	
		起こりやすさ	重篤性			

CCP（重要管理点）3つの要件

・あらかじめ設定したモニタリング（手順9原則4）方法がある
・連続的に、または相当の頻度で監視できる
・CL（管理基準、手順8原則3）を逸脱した場合、短時間で改善措置（手順10原則5）を行うことができる

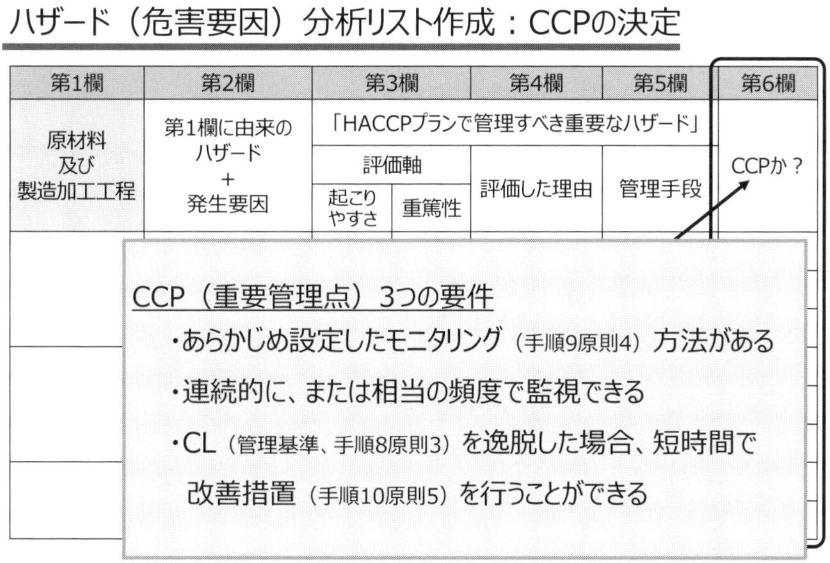

なお、CCPの決定についてコーデックス委員会のガイドラインに「CCP決定フロー」（デシジョン・ツリーと呼ばれるフレームワークの1つ）が示されているので、参考にするといいかもしれません。

コーデックス委員会のガイドライン CCP決定フロー

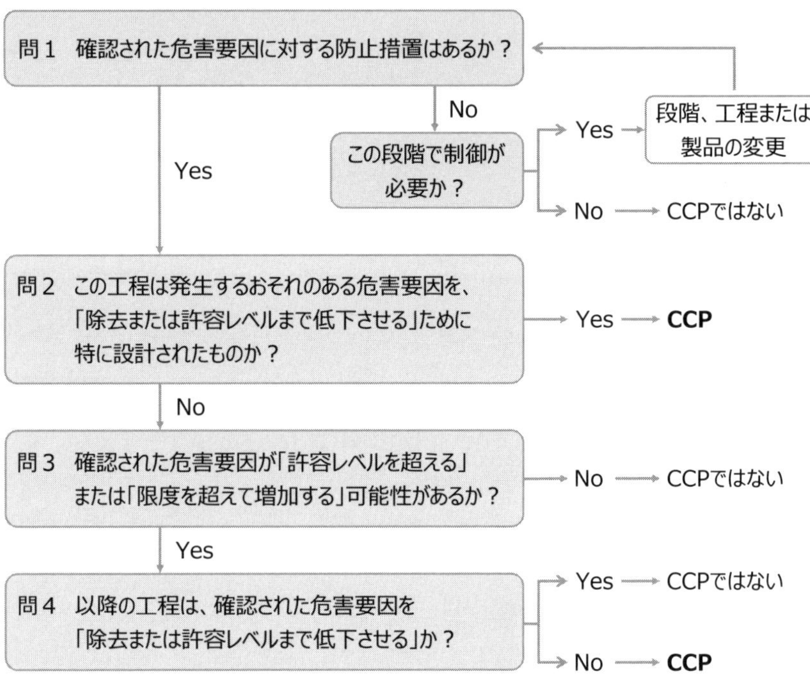

HACCPプランの策定【手順8原則3～手順12原則7】

CCP（重要管理点）の決定後、それぞれのCCPについて【手順8原則3】から【手順12原則7】に従って、HACCPプランを作成します。HACCPプランには決まった様式はありませんが、広く利用されているのが以下の表です。

HACCPプランの様式例

製品名＿＿＿＿＿

CCP No.	
原材料及び製造加工工程	
ハザードとその発生要因	
重要なハザードと評価した理由	
管理手段	
管理基準（CL）	
モニタリング方法	
改善措置	
検証方法	
記録文書名	

①管理基準（Critical Limit ／ CL）の設定【手順８原則３】

CCPにおける管理手段のパラメータには限界の値があり、その限界を超すとハザード（危害要因）を管理できない可能性があります。

例えば、生乳中に存在する可能性のある病原菌を加熱殺菌によって制御する場合、低温殺菌条件を示すモニタリング・パラメータ（監視すべき指標・数値）は、「63℃、30分間」。それよりゆるい条件を示したときには病原菌が生き残る可能性があります。

製品の安全性を確保できるかできないかの境目のモニタリング・パラメータの値（限界値）を「管理基準（CL）」といいます。

管理基準は、科学的もしくは客観的な根拠に基づいて設定しなければなりません。**管理基準として一般的に使用する指標は、「温度」「時間」「pH」「AV（Acid Value、酸価）」「糖度」「塩分濃度」などの数値化できるもの**ですが、目視による官能検査を用いることもあります。

また、微生物検査の結果などリアルタイムで測定できないものは、CCPの管理基準として適当ではありません。実際の製造加工では管理基準よりも厳しい基準「工程管理基準（Operation Limit ／ OL）」を設定して管理するようにします。

加熱工程をCCPとした場合、CLとなり得る食品の中心温度を連続的かつ全数をモニタリングすることが難しい場合があります。そういった場合、食品の中心温度と密接な関係にある加熱設備の温度と通過時間を「代理特性」として設定します。

代理特性とは、食品の中心温度と密接に関係する特性をいい、直接製品の中心温度を測定せず、フライヤーやスチーマー、煮汁などの雰囲気温度、時間ではコンベアの速度などを代用し、商品価値を損なうことなくモニタリングすることです。なお、代理特性を用いて管理する場合は、検証として適切な頻度で食品を抜き取り、中心温度を実測することが求められます。

②モニタリング方法の設定【手順９原則４】

モニタリングとはCCPが正しく管理されていることを確認するとともに、後で実施する検証の際に使用できる正確な記録を付けるために、**観察、測定または試験検査を行うこと**です。

また、モニタリングには次の３つの要件を満たす必要があります。

- 製造加工工程において、連続的もしくは適切な頻度でチェック、記録、改善措置が行えること。
- チェックした結果を正確かつ迅速に得ることができ、改善措置が必要な場合は結果に基づき適切に行えること。
- モニタリングの担当者は、教育訓練を受けてモニタリングのポイントを理解し、適切な方法で行うことができる十分なスキルを有していること。

③改善措置の設定【手順10原則5】

1）改善措置の設定ポイント

モニタリングの結果、管理基準の逸脱が確認された場合を想定して、**適切かつ迅速に正常な状態に戻すための手順や、逸脱した際に製造された製品の改善措置について、事前に決めておく**必要があります。

改善措置としてあらかじめ決めておかなければならない事項は次のとおりです。

- 逸脱した状態を正常な状態に戻す手順
- 逸脱時に製造された製品の区分と改善措置
- 改善措置を担当する者及び改善措置の方法について判断する責任者
- 改善措置を実施した記録とその保管

2）参考情報……米国の場合

「食品安全強化法（FSMA）」の103条「ヒト向け食品に対する予防コントロール（Preventive Controls for Human Food ／ PCHF）」には、§150(a)(2)という条項に「是正措置手順」が次のように記されています（筆者による翻訳・改編）。

- 問題を特定し、是正するために適切な措置が取られること。
- 必要な場合には、問題が再発する可能性を低減するために適切な措置が取られること。
- 影響を受けたすべての食品が安全性についての評価を受けること。
- 影響を受けたすべての食品を市場に出さないこと。

3）改善措置を行う真意

改善措置を行ったにもかかわらず、また同じトラブルを起こしてしまったという経験はないでしょうか。うわべだけで問題を解決しても、本当の原因を特定しない限り、問題が再発する可能性があります。

根本原因をあぶり出す手法として、古くから用いられているのが「なぜなぜ分析」です。「なぜなぜ分析」とは、「なぜ」を複数回繰り返すことで、根本原因（真因）を究明するフレームワークです。

「なぜなぜ分析」は、トヨタ自動車から生まれました。トヨタ自動車工業の副社長などを務めた大野耐一氏が1978年に刊行した著書で紹介され、広く知られるようになりました。

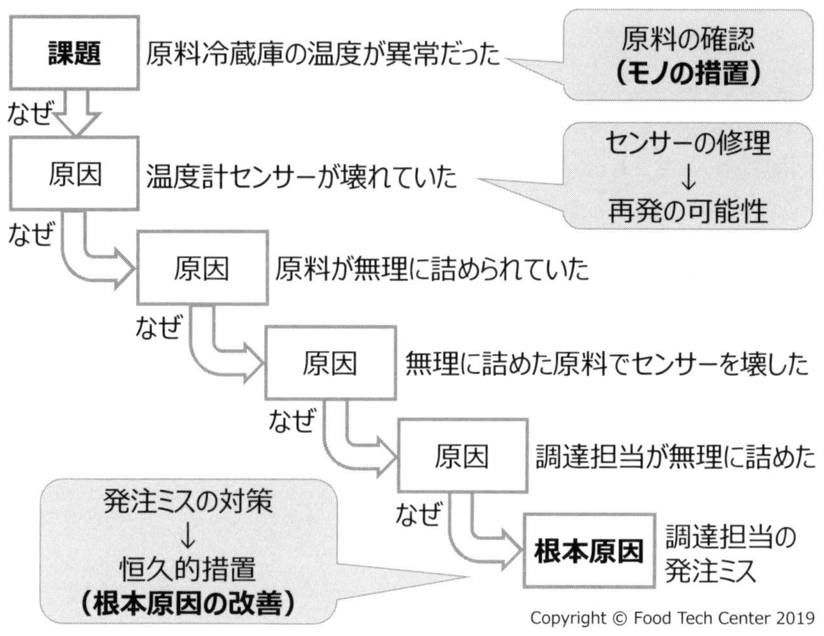

上の図のように、温度センサーの修理では表層的な対応になり、再び同じ事象が起こる可能性があります。そこで、**「なぜなぜ分析」を行うと「根本原因」にたどり着き、再発防止につながる**と考えられます。

フレームワーク⑪

「なぜなぜ分析」で根本原因を潰す

つまり、HACCP構築の【手順10 原則5】**「改善措置」の真意は、「恒久的措置となる改善（根本原因の改善）」と「影響を受けた食品の対応（モノの措置）」の2点を達成すること**にあります。

フレームワーク⑫
改善措置は**「根本原因の改善」**と**「モノの措置」**

④検証方法の設定【手順11 原則6】

1）検証とは

88ページで紹介した「モニタリング」と似ているようにも見えますが、「検証」と「モニタリング」は別のものです。モニタリングはCCP（重要管理点）の管理状態をチェックすることであり、検証は作成されたHACCPプランそのものが有効かどうかを判断するためのものです。

検証とモニタリングとの違い

検証とはHACCP計画が遵守されているかどうかを決定する、
モニタリング以外の方法、手順、試験及びその他の評価を適用すること
（コーデックス委員会の定義）

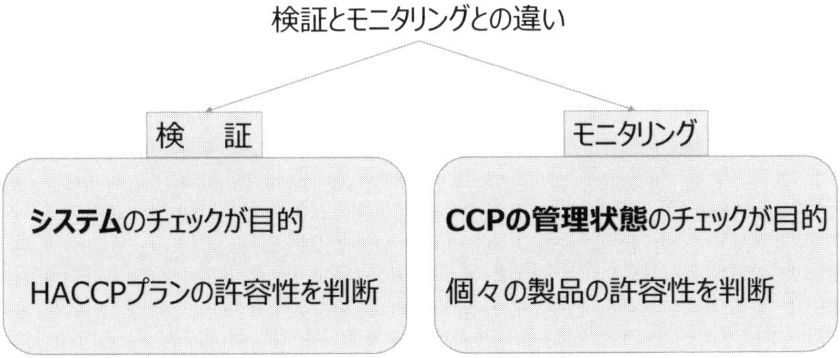

検証とモニタリングとの違い

検　証	モニタリング
システムのチェックが目的	**CCPの管理状態**のチェックが目的
HACCPプランの許容性を判断	個々の製品の許容性を判断

検証とは、具体的にはHACCPプランに従って、CCPの管理を行ったときに、**「HACCPプランの有効性を評価すること（有効性確認）」と「HACCPシステムが適切に機能するかを確認すること（実行性確認）」**を指します。

検証を行う理由

○　計画したことをやっているかの**確認**

○　やったことは本当に効果があるかの**確認**

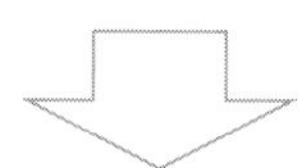

HACCP仕組みの見直し	HACCPプランの有効性を評価 HACCPシステムが**機能しているかを確認するため**
HACCP計画の見直し	定期的な検証結果からシステムの弱点を認識 HACCPプランを**修正して、より優れたものにするため**

HACCP プランは、必要な事項を記載し作成しただけのものであり、プランの有効性を保証しているわけではありません。また、衛生管理状況や新しい情報をもとに定期的に見直すことが望まれます。**定期的な検証から HACCP プランの弱点を見つけ出し、修正して、より優れたものにバージョンアップしていくことが大切**です。

2）検証の種類

検証にはいくつかの種類があります。「HACCP プラン（CCP）ごとの検証」や「HACCP システム全体の検証」などですが、これらを整理してみましょう。

検証の種類（例）

厚生労働省	**日々検証**	・記録の記入モレが無いこと ・基準から逸脱していないこと ・逸脱時の改善記録があること　など
	定期的検証	・事故、回収、苦情の解析 ・検査結果見直し ・計測機器の異常有無の確認　など
食品衛生協会	**HACCPプラン（CCP）の検証**	・モニタリング測定装置の校正 ・原材料、仕掛品、最終製品試験検査 ・製造加工条件の測定 ・各種記録の確認・見直し　など
	HACCPシステム全体の検証	・事故、回収、苦情の解析 ・現場確認 ・検査結果見直し ・最終製品の試験検査　など

その他にも「HACCP プランの妥当性の確認」も大切な検証の１つです。妥当性確認とは HACCP プランの要素が有効であることを裏付ける科学的証拠を得ることです。HACCP プランの作成時に、ハザード分析及び管理基準の設定根拠を整理します。

・原材料、中間製品、最終製品等の試験検査
・加熱殺菌装置内の温度分布測定、製品の中心温度測定
・文献やガイドライン、過去の自社データの調査　など

3）検証の体系化

検証は、実に幅広い活動であると感じられたと思います。しかし、このままでは検証の項目を列挙しただけという結果になりかねません。検証活動が身についておらず、なぜ行うのか、何を行うのかがわからないままでは、せっかくの HACCP システムがうまく機能しないものとなってしまいます。

そこで、私は検証について体系的に示すことができないかと考え、コンピューターのソフトウェアを開発する際に用いる「V 字モデル」というフレームワークに着目しました。

V 字モデルとは、ソフトウェアの開発工程とテスト工程の関係性を V 字型に整理したもので、「V」の文字の左側は開発工程を、右側はテスト工程を表しています。また、それぞれ複雑なシステムの要素を階層別にばらしていきます。「V」の右側から左側に向かう矢印は、それぞれの段階に対応して、その都度、検証を行います。**この手法によってすべての階層でミスを見逃さない検証の体系化が完成**します。

V 字モデルの考え方に基づいて HACCP システムを支えている要素を「V」の右側に、階層別に分解してみました。さらに、「V」の左側に先に述べた検証活動を階層ごとに配置してみました。

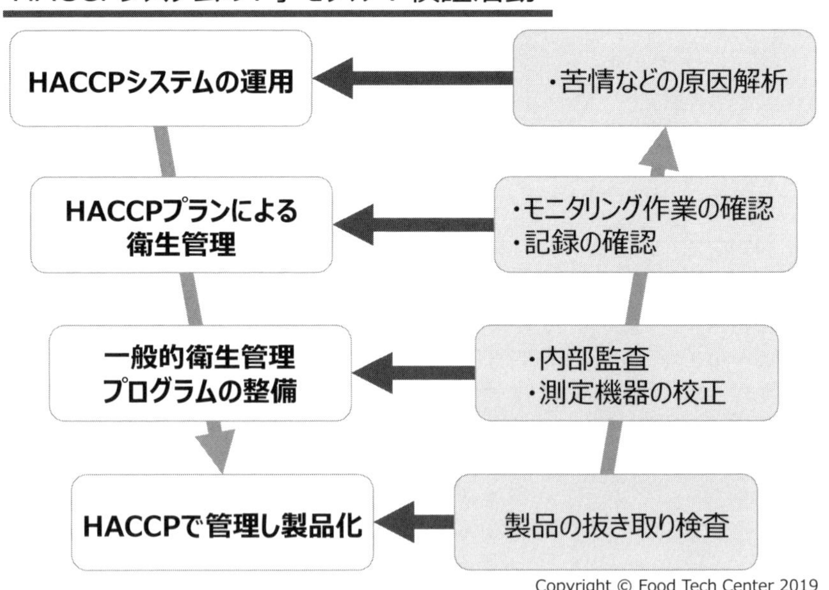

検証活動は多岐に及び、それぞれの関係性が見えにくかったかと思いますが、このように体系化することで、検証活動の意義を再認識できます。また、HACCPシステムの構築にあたり、階層ごとに検証を行っているため、**「V字モデル」によって、より一層強固な管理の仕組み**となります。

フレームワーク⑬

「V字モデル」の検証活動で強いHACCPシステム作り

⑤記録と保存方法の設定【手順12原則7】

1）正確な記録を保存

「HACCPプランが適切に機能していること」、「管理基準（CL）の逸脱時に適切な改善措置が行われたこと」を証明するために記録を取り、適切に保管することは重要なことです。

自主管理の貴重な証拠になると同時に、行政による監視・指導において、施設の衛生管理、工程管理の状態を調査する上で有用な資料となります。

2）製造または衛生管理の状況をトレースバック

万が一、食品の安全に関わる問題が生じた場合でも、製造または衛生管理の状況をトレースバックすることで、**原因究明を容易にすることができます**。また、製品の回収が必要な場合は、原材料、包装資材、最終製品などのロット特定の助けにもなります。

3）参考情報……米国の場合

「食品安全強化法（FSMA）」の103条「ヒト向け食品に対する予防コントロール（Preventive Controls for Human Food／PCHF）」では、CCPのモニタリング記録や是正措置記録など記録を必須としているものについて、最低2年間の保管を義務付けています。

第５章
フレームワーク思考でとらえるHACCPの本質

経営者のコミットメント

適切な衛生管理を推進するためには、企業としての目的や推進のためのステップを明確にしなければなりません。これを「マネジメント・システム」といいます。そのためには、経営トップのHACCPシステム導入への明確な意思決定と決断力が最も重要であることはいうまでもありません。コーデックス委員会のガイドラインでは、**HACCPの導入・運用において経営者（トップマネジメント）の関与を求めています**。

マネジメント・システムとは、具体的に組織の運営（方針、手段、プロセス）を管理し、継続的に改善するためのフレームワークを指します。「**経営者が立てた方針や目標を、どのようなやり方で達成するのか、どのような役割分担で行うのか、といった目標達成のための活動の仕組みやルール**」です。

フレームワーク⑭
「マネジメント・システム」（組織運営）の基本は経営者の関与

企業が品質重視の経営を行うために、食品安全の認証「ISO 22000」では、経営者のコミットメント（果たすべき役割）として次のことを求めています。

- 食品安全方針と目標を明確にして文書化し、全従業員に周知徹底すること。
- 食品安全方針は、お客様が求める品質を満足し、かつ法令に反することが起きないよう品質保証体制を経営責任として構築すること。
- 管理状況の定期的な見直し（マネジメント・レビュー）により、常に継続的な改善を指示すること。
- 品質保証体制を機能させるために必要とされる経営資源（ヒト、モノ、カネ、技術、情報）を適切に投入すること。

強い組織作りのために

品質課題に取り組んでいるのに「なかなか品質保証のレベルが上がらない」「品質戦略は間違っていないはずなのに結果がついてこない」といった、壁にぶつかっているケースは少なくありません。経営資源を包括的にとらえることができておらず、「木を見て森を見ず」という状態になっていることが原因と考えられます。

そういった**現状と品質戦略のギャップを分析するフレームワークが「7S 分析」**です。

7つの要素は、大きく「ハード」と「ソフト」に分けられます。ハードの「S」は「Strategy（戦略）」「Structure（組織構造）」「System（社内のシステム）」の3つで「組織」に関係する要素です。またソフトの「S」は「Skill（組織に関わる強み）」「Shared Value（共通の価値観）」「Staff（人材）」「Style（組織文化）」の4つで「ヒト」に関する要素です。

7S分析

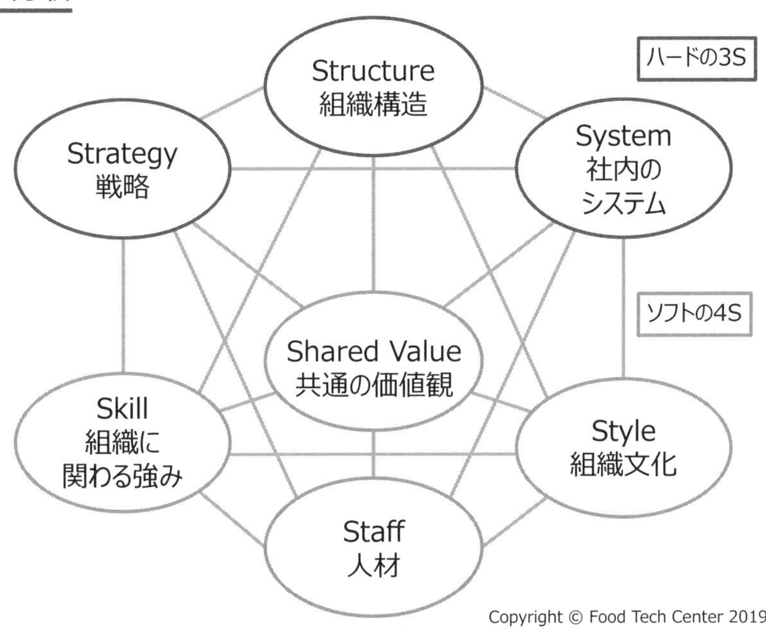

7S 分析とは、組織を構成している７つの要素の相互関係を見直すことで、組織がうまく回るようにするマネジメントツールです。手順は以下のとおりです。

1. 現状を 7S の視点で分析……組織構造や戦略など 7S を構成する要素を１つ１つ分析する。

2. 問題点を明確化……7S で分析した現状から問題点を洗い出し、改善しなければならない問題点を挙げていく。

3. 改善策を作る……問題点が明確になったら、それを改善・克服するための改善策や改革案を作る。

7S分析で課題の改善案を作成

HACCPに取り組む上での

	7S	現状の課題（例）	改善案
ハード	組織構造	縦割り組織で連携が弱い	
	戦略	上層部の品質戦略の 意思決定の方向性がブレる	
	社内の システム	社内ネットワークが機能せず 意思疎通が不十分	
ソフト	人材	若手の人材育成不足	
	組織に 関わる強み	専門的な技術知見が不足	
	組織文化	安定志向で保守的	
	共通の価値観	品質目標の共有が不十分	

フレームワーク⑮

「7S 分析」による課題抽出と戦略策定で強い組織を構築

HACCPに取り組むための課題の抽出と改善案を策定する上で、特に食品安全方針を明確にすることは重要な事項といえます。

方針を明確にするためには、自社における「品質保証のあるべき姿」をイメージすることから始めます。数年後、どのような品質保証の体制が整備されるべきか、言い換えれば組織としての方向付けを明確にします。

一挙にあるべき姿に向かうのは難しいため、到達可能な目標を段階的に設定して取り組む必要があります。そうすることで、イメージした「あるべき姿」に確実に到達できるだけでなく、達成感を感じることができるため、従業員のモチベーションの維持向上にもつながります。

そのためには、経営者が示した食品安全方針を、工場長が製造現場の従業員にわかりやすく、自分の言葉で伝達することが必須です。**経営者が示した方針と目標を工場全体の方針と目標として明確にし、さらには各職場の状況にあった目標にそれぞれ展開していく**こと（目標の棚卸し）が重要なのです。

これらの取り組みにより、自社の力量に適した品質保証体制を構築することが可能となります。見かけだけの管理システムを構築し、形骸化してしまうことを防ぎ、効果的な品質保証体制にするためにも、このような手順が重要となります。

HACCPに取り組む本質

あらためて、HACCPに取り組んでいるとは、どういったことを指すのでしょうか？

コーデックス委員会が指し示す【7原則12手順】に基づいて「製品説明書」や「フローダイアグラム（製造工程図）」、「ハザード（危害要因）分析リスト」、「HACCPプラン」など、HACCP関連書類の作成を行うことと勘違いしている方がいます。

HACCPプランを作成するまでには、様々な科学的・技術的な情報を整理する必要があるため、それで終わった気になってしまいがちですが、**書類の作成はあくまでHACCPに基づく衛生管理の設計図を書いたに過ぎません**。

厚生労働省が示しているHACCPの解説には、「食品原材料の受入れから最終製品までの工程ごとに、微生物、化学物質、金属の混入などの潜在的な危害を分析・予測（Hazard Analysis）した上で、危害の発生防止につながる重要な管理点（Critical Control Point）を継続的に監視・記録する工程管理のシステム」とあります。

それでは、日々の製造加工で HACCP プランに基づき、CCP（重要管理点）について測定したり分析したりする「監視」活動と「記録」活動が、HACCP に取り組んでいることなのでしょうか？　これには、【手順 11 原則 6】の「検証」が含まれておらず、答えとしては不十分です。

【手順 11 原則 6】の「検証」を行うことで問題点が見つかり、改善できることは前述しましたが、こういった改善活動のフレームワークは、米国の統計学者エドワーズ・デミング氏が提唱した「PDCA サイクル」が有名です。

「PDCA サイクル」とは、次の４つのサイクルを繰り返すことで、業務の効率化や改善を図るフレームワークです。PDCA の回し方をフェーズごとに見てみましょう。

Plan（計画）

目標を設定し、その目標を達成するための計画を立てます。その際、後で評価ができるように数値や時間など具体的な目標や計画を設定するのがポイントです。

Do（実行）

Plan（計画）をもとに実行します。後で評価ができるように定量的な記録を残すことが重要です。

Check（評価）

計画どおりに実行できたか、設定した目標を達成できたかを評価します。

Action（改善）

Check（評価）によって判明した課題の解決策を検討します。この計画を続けるべきか、止めるべきか、あるいは改善して実行するのかなどを判断します。

場合によっては、現状の課題を抽出することをスタートとしてとらえ、「Check（評価）」→「Action（改善）」→「Plan（計画）」→「Do（実行）」の順で進める「CAP-Do」というサイクルもあります。

また最近では、最初に「Goal（目標）」を加えた「G-PDCA」もよく使われています。**PDCA をひたすら回しても、「目標」を忘れていては意味がありません。PDCA を回す際に重要なのは、常に目標を意識すること**です。

改善活動のフレームワーク

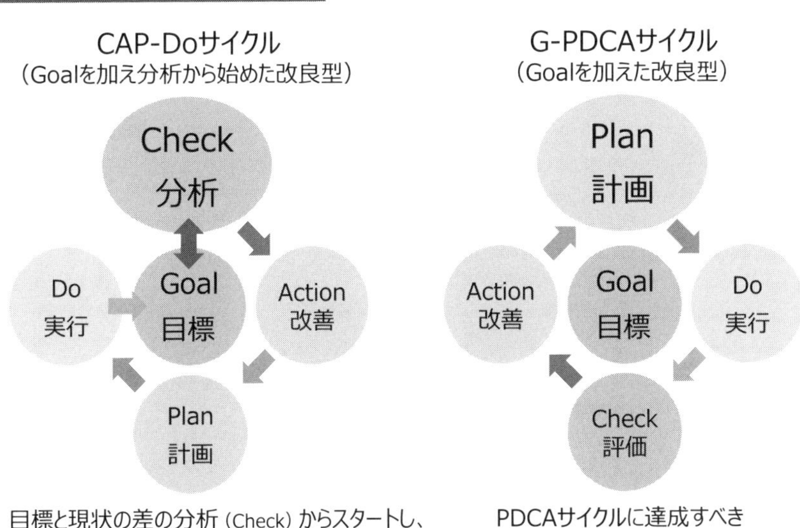

【手順 11 原則 6】の「検証」を行い、改善活動を進める中で、大きく 2 つのポイントを見直すことになります。「プラン（計画）の見直し」と「システム（仕組み）の見直し」です。

① HACCP プラン（計画）の見直し

HACCP プランに含まれる管理の要素は、管理基準の設定、モニタリング方法の設定など多岐にわたります。また、それらは現時点で最新の科学的・技術的知見に基づき設計する必要があります。

しかし、不幸にも管理基準（CL）を逸脱し改善措置を行うことになった場合、HACCPプランの各要素が不十分だったり不適当だったりしたと考えられます。つまり、HACCPプラン（計画）の見直しを図るべく「PDCAサイクル」を回さなければなりません。

HACCP実践のPDCA

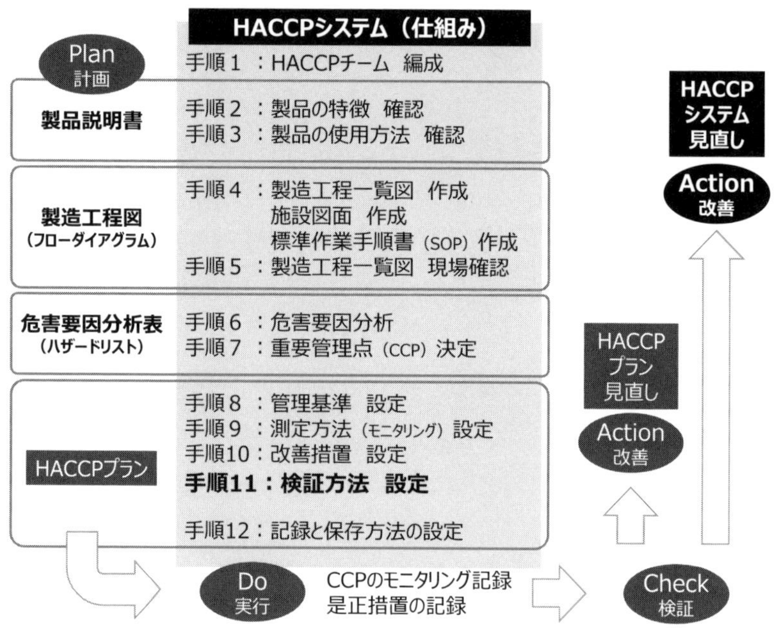

② HACCPシステム（仕組み）の見直し

あらためてHACCPの構築【7原則12手順】を俯瞰してみると、どの項目が時間的に最も変化しやすいでしょうか。実は最初に挙げられている【手順1】の「HACCPチームの編成」かもしれません。

チームを構成しているメンバーは異動や退職でいずれ抜けていなくなってしまうかもしれませんし、新しいメンバーが入ってくるかもしれません。そのため、チーム全体として管理に必要な知識や経験のレベルが上下することが容易に想像できます。つまり、管理基準を逸脱し改善措置を行うことになった場合、HACCP

プランとは別にHACCPシステムの見直しを行う「PDCAサイクル」を回さなければなりません。

結論を述べると、**HACCPに取り組む本質とは、【手順11原則6】の「検証」と2つのPDCAサイクルを回す組織改善手法を確実に行うということ**になります。

第6章

HACCP制度化、その先

米国の動き

2020年6月1日から日本でも原則としてすべての食品等事業者が、その規模や形態等に応じて、HACCPに沿った衛生管理の取り組みが求められることとなりました（施行後、2021年5月31日までの1年間は経過措置期間）。HACCPによる衛生管理についてグローバルな視点でとらえると、HACCPの制度化の先に見据えるべき目標が見えてきます。

日本の食品安全行政の方向性に強く影響を及ぼしている米国。食品安全に関する直近の動きについて要点をまとめてみます。

日米貿易不均衡の是正を目的として、1989年から1990年までの間、計5回開催された「日米構造協議」。その後、1994年から2009年までの間、「日米規制改革及び競争政策イニシアティブに基づく要望書」を、毎年、日米両政府間で交換してきました。これは両国の経済発展のため、改善が必要と考える相手国の規制や制度の問題点をまとめた文書です。

それらの中で、食品分野についても協議が進められてきました。2011年には米国では「食品安全強化法（FSMA／フィズマ）」（Food Safety Modernization Act）が成立し、約70年ぶりの大幅な見直しが図られました。米国内に流通する輸入食品にも適用することから、多くの日本企業が影響を受けています。

1960年代にHACCPによる衛生管理手法を開発した米国は、この法律の中で「危害要因分析及びリスクベースの予防管理」である「HARPC（ハープシー）」（Hazard Analysis and Risk-based Preventive Controls）を示しています。

独立行政法人日本貿易振興機構（JETRO）は、「HARPC」について「HACCPより進んだ、新たな包括的危害管理手法」と述べています。また、「次世代型HACCP」と称されることもあり、より実務的な管理内容をHACCPに組み込んだものです。

「危害要因分析及びリスクベースの予防管理」のポイント
(HARPC : Hazard Analysis and Risk-based Preventive Controls)

○ **ハザード（危害要因）分析**

・科学的レポートや過去の事例等を参照して実施
・物理的（幼児の窒息ハザードを含む）、化学的（放射性物質を含む）、生物的（プリオンを含む）それぞれの危害要因が対象
・発生する危害の重篤度、発生する可能性を考慮し、管理の有無を決定
・最終製品の安全性に影響を与える要因をすべて考慮（食品の組成、施設の構造、原材料、製造手順など）

○ **予防管理**（管理すべき危害要因がある場合）

・科学的データなどを基に管理の内容を決定
・工程管理、アレルゲン管理、衛生管理、サプライチェーン管理、リコールプランを含む
・「危害を予防又は最小限に」（管理基準／CLの明示なし）
・原材料の安全性確認（サプライチェーンプログラム）

○ **計画管理に関する手順**

・モニタリング
・モニタリング状況の検証頻度・手順
・是正措置の手順

GFSI（業界団体）の流れ

世界的な食品安全の業界団体である「GFSI（世界食品安全イニシアティブ）」（Global Food Safety Initiative）をご存知でしょうか。

小売業やメーカー、フードサービス業、食品サプライチェーンに関わるサービス・プロバイダーなどから、業種を超えて食品安全の専門家たちが集まり、協働して食の安全に取り組む団体です。

2000年5月、世界中で食品事故が続発する中、食品安全に取り組むことの重要性に同意した小売業やメーカーのCEOらによって設立されました。各国の専門家たちが国境や業種を越えて、様々な作業部会で食の安全に関する課題解決に取り組んできました。

その有名な活動の1つに、「食品安全認証のベンチマーキング」の設定があります。世界中で400以上ある食品安全認証（2000年当時）について、GFSIに参画している企業自らが求める食品安全の要素やレベルに合致しているものを精査し採用するというものです。

ベンチマーキングには、GFSIとしての食品安全の要求レベルをまとめた判断基準が必要になるため、世界各国から食品安全の有識者が集まり、ガイダンスドキュメント（その後、Benchmarking Requirements／ベンチマーキング要求事項と改称）と呼ばれる基準書をまとめ上げました。

私はそのガイダンスドキュメントの改定作業部会のメンバーとして、アジア人で唯一参画した経験があります。世界的に必要と考えられる食品安全の管理要素を取りまとめ、ガイダンスドキュメントの改定に尽力したのです。なお、ガイダンスドキュメント自体は、食品安全の規格ではありません。

GFSIの活動概要

GFSIベンチマーキング要求事項

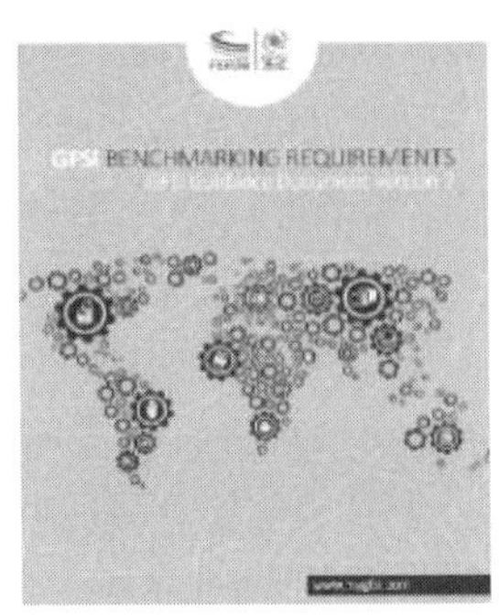

※ GFSI；Global Food Safety Initiative（世界食品安全イニシアティブ）

2000年に、世界的に展開する食品事業者（世界70カ国、約400社）が集まり、食品安全の向上と消費者の信頼強化のため、自分たちの求める規格・認証スキームの承認等を行う機関。

［審査事項］

1．組織への要求事項
- （1）食品安全マネジメント
- （2）適正製造規範（GMP）
- （3）HACCP

2．認証の仕組みへの要求事項
- （1）食品安全認証規格のオーナーシップと管理
- （2）食品安全認証規格のシステム
  - ・認定機関、認証機関の関係
  - ・認証機関の審査員の力量
  - ・認証審査の間隔、審査時間
  - ・審査報告、認証の管理、データ管理

農林水産省食料産業局資料（2019年1月）より抜粋

私が参画したガイダンスドキュメント第7版改定の際、「食品偽装への取り組み」「非通知審査の導入」などの要素を追加しました。その後、グローバルに広く普及している食品安全認証の1つ「FSSC 22000」は、GFSIの動きを踏まえてこれらの項目を追加し改定しています。この事例からも、**GFSIが新たな取り組み課題として発する内容をいち早く掴むことは、今後の食品安全戦略を立案する際に有効**だと考えます。

ちなみに、ガイダンスドキュメントの第8版にあたる「ベンチマーキング要求事項2020年版」(2020年2月26日発行。この版から発行年に基づく名称に変更)には「食品安全文化」「施設・設備の設計・運用における衛生的デザインの遵守」などの要素が追加されました。

食品安全戦略、今から準備すべき視点

専門家である私自身もそうですが、数年先までの食品安全戦略はなかなか立てづらいものです。なぜなら、その時々に発生する食品事故に呼応するお客様の安心度の変化や、食の安全を揺るがす未知の科学的な情報などに、品質活動が大きく振り回されることが多いからです。

そういった中で、近い将来を見据えて的確な戦略を立てるためには、「B to B (Business to Business)」と呼ばれる企業間の関係の中から、品質戦略立案につながる情報を集め、精査し、バランスの良いものを選定する必要があります。例えば、GFSIのような**国際的な団体の活動に触れることは、食品安全の最新のトレンドを知る近道**になります。

その上で、フレームワーク「3C分析」(25ページ参照)により、自社の戦略課題を抽出・整理することをお勧めします。あわせて、フレームワーク「5フォース」(27ページ参照)により、外的に影響を及ぼす要素を加味するといいでしょう。

また、これは私の造語ですが「G to G (Government to Government)」、つまり国家間で行われている協議や規制策定の動向についても、いち早く情報を獲得する必要があります。

このG to Gにおける規制のための取り決めは、一般的に「SWOT分析」(29ページ参照)の「脅威(Threats)」にあたります。ただし、視点を変えれば他社にとっ

ても脅威になります。「脅威（Threats）」の要素に対して、いち早く自社の強みを活かし「Opportunities（機会）」に変えられれば、他社との差別化を図るチャンスとなる事業戦略につなげることができます。

「B to B」、「G to G」の視点を活かして、具体的かつ実現可能な目標と戦術のある食品安全戦略を構築することが、今後、食品業界で生き残っていくための大きな武器になると思います。

フレームワーク⑯

食品安全の戦略立案は **「3C 分析」「5 フォース」「SWOT 分析」**

おわりに

近年、連日のように異物混入や食中毒による事故が報道されている中、食の安全に対する消費者の目は厳しさを増す一方です。国内需要が頭打ちになる状況の中で、積極的に海外展開を行う食品事業者も多く見られます。

ところが、商談会に参加して自社製品をアピールしたいと考えたものの、商品や会社の情報を記す書類（FCP展示会･商談会シートなど）の「品質への取り組み」欄に何も書くことがないという声をたびたび耳にします。

そこで大きな味方となるのが「衛生管理の見える化」ともいうべきHACCPへの取り組みです。**体系的な管理ができるようになることで、「衛生管理への取り組み」についての説明内容も整理され、結果として、的確な取り組みを記載できる**ようになります。

現在、大手企業との取引や輸出を目指したい場合、食品安全のレベルが一定水準以上であることを示すために、「FSSC 22000」などの国際的な食品安全認証が活用されています。これらの認証はHACCPの考えがベースとなっているため、HACCPに取り組むことで認証取得のための作業が軽減されます。

つまり、**HACCPに基づく衛生管理を構築することは、商取引先からの品質要求項目に合致するばかりでなく、自社商品のアピールや海外への進出を考えた場合に優位となる**のです。

このことはお客様に対する場合も同様です。お客様に商品を提供する際、事業者には説明責任が生じます。そのため、可能な限り、「科学的」かつ「論理的」に確立されたモノづくりを目指さなければなりません。**HACCPに取り組むことで、食品安全を醸成し、安心を積み重ねて、信頼できる強い商品開発や産業創出**につなげていただければ幸いです。

2020年5月
今城　敏

参考資料

コーデックス委員会の「食品衛生の一般原則」及び「付属文書」

(1) HACCPとは

HACCPは科学ベースで体系的なものです。食品安全のために特定のハザード（危害要因）とその管理措置を特定し、**最終製品の試験検査に頼るのではなく工程における予防的な管理システムを確立するツール**といえます。

HACCPは一次生産から消費までのフードチェーン全体にあてはめることができ、HACCPの実施は人の健康に対するリスクに関連する科学的証拠によって導かれるべきものです。

HACCPの成功には、経営者と従事者とが一体となって、全員が参加することが不可欠です。また、一次生産や微生物学、製造・加工技術など多岐にわたる専門性も必要です。

以下に示すHACCPの適用は食品安全のためのものですが、HACCPの概念は安全以外の他の品質の側面にも適用することができます。

ただし、HACCP適用の初期段階で品質の要素を取り上げるのは適切ではありません。

例えば、異物クレームとしての毛髪混入を危害要因（物理的）として、その発生要因や管理措置を検討することは、食品安全のための危害要因管理を議論する上での焦点をぼやかしてしまうからです。

まずは食品安全に関連する危害要因に絞ったHACCPシステムというツールを組み立て、全社が一体となってツールを使い、やがて使いこなせる段階に至って、はじめて応用編という形で品質的な問題に取り組むことが可能となります。

(2) HACCPシステムの要件（7原則）

原則1　危害要因の分析

原則2　重要管理点（Critical Control Point ／ CCP）の決定

原則3　管理基準（Critical Limit ／ CL）の設定

原則4　モニタリング方法の設定

原則5　改善措置方法の設定

原則6　検証方法の設定

原則7　記録と保存方法の設定

(3) HACCPシステム適用の前に

HACCPを適用するのに先立って、既存の前提条件プログラム（一般的衛生管理プログラム）を見直し、再整備する必要があります。

コーデックス委員会のHACCPは、CAC/RCP-1「食品衛生の一般原則」(改訂4-2003) の付属書であることを忘れてはなりません。**前提条件プログラム（一般的衛生管理プログラム）がされていてこそ、HACCPの適用により食品中に含まれる可能性のある重要な危害要因の管理に集中することができます**。

つまり、既存の前提条件プログラムのムラやムダを排除し、従事者が十分に内容を理解した上で確実に実行できるように整備し、さらに検証することで、プログラムが維持され、継続的に改善されるのです。

HACCPが意図するのは、CCP（重要管理点）の管理に集中することです。コントロールされなければならない危害要因が見つかっているにもかかわらず、CCPを特定できない場合には、製造・加工工程そのものの再設計を考える必要があります。

HACCPの適用は、個々の企業の責任ですが、その効果的な適用には障害があるかもしれません。特に中小零細の企業においてはその可能性が高いといえます。HACCPを適用するには7原則のすべてをあてはめなければならず、柔軟性（フレキシビリティ）が問われます。製造・加工工程の性質及び規模、人的資源、財産、インフラストラクチャー、工程、知識や実際の制約を考慮しなければならないからです。

中小零細の企業は、効果的なHACCPプランの開発や実施のための資源や現場で必要となる専門性をもっているとは限りません。そのような場合には、業界団体や独立した専門家、規制当局などからアドバイスを得るべきです。また、書籍やガイダンス文書も有用でしょう。

とはいえ、**HACCPの効果は、経営者及び従事者が適切なHACCPの知識と技術をもっているかどうかによるので、すべての階層の従事者と管理者へのトレーニングが不可欠**です。

(4) HACCP システムの適用

コーデックス委員会の HACCP 適用のガイドラインには、前記の 7 原則とともに実際に HACCP を導入する際に必要となる準備段階(5 手順)を付け加えた 12 手順が示されています。

【手順 1】HACCP チームの編成

HACCP の導入にあたり経営者は、HACCP システムを構築して、その実施のために中心的な役割を果たす専門家チーム(HACCP チーム)を編成します。

HACCP チームに求められる知識や技術は多岐にわたるため、経営者や工場長のような管理者によるリーダーのもと、以下の分野から選定することが望まれます。

設計・開発
製造・加工
品質管理・品質保証
工務・保守
営業・販売

中でも営業担当者は、顧客からの情報、ニーズ(ときにはクレームも)を HACCP チームにインプットするとともに、製品の意図する使用方法を含めた HACCP の管理の情報を顧客にアウトプットする重要な架け橋といえます。これらに加えて、必要に応じて社外のコンサルタントからの助言を得ることも有用です。

HACCP チームのメンバーにはそうした技術的な専門性に加え、チームでの決定事項を製造・加工などの HACCP 実施の現場に正確に伝え、かつリードするために必要なコミュニケーション力とリーダーシップが望まれます。

【手順 2】製品説明書の作成

HACCP チームの最初の仕事は、HACCP を導入する対象となる製品についての情報の整理です。原材料、組成、特性(水分活性、pH など)、微生物に対する処理(加熱殺菌、冷凍、塩漬、燻煙など)、包装形態、保管の方法や流通方法などが該当します。

ケータリングのような、多数の製品を対象とする業種においては、類似する特性の製品、あるいは類似する工程（例えば、煮物、揚げ物、焼き物、加熱せずに食べるもの）をグループ化した上でHACCPの計画を作成することが有効です。

【手順3】意図する用途及び対象となる消費者の確認

製品の意図される使用方法は、加熱せずにそのまま食べる、あたためて食べる、十分に加熱してから食べるなどが挙げられます。最終使用者または消費者による、考え得る使用または消費の方法に基づくべきです。

【手順4】製造工程一覧図（フローダイアグラム）の作成

フローダイアグラムはHACCPチームにより作成されるべきです。危害要因分析を容易、かつ正確に実施するため、従事者への質問や、実際の作業の観察を行いながら、原材料の受け入れから最終製品の出荷に至る一連の工程をモレ無くフローダイアグラムに示す必要があります。類似した工程で製造・加工される各種の製品に対しては共通のフローダイアグラムの使用も可能です。

【手順5】製造工程一覧図の現場確認

フローダイアグラムに示した各工程は、現場での製造・加工工程におけるすべての段階と時間帯に照らし合わせて確認する必要があります。工程の順序が変わっているなどの不整合が見られた場合には修正しなければなりません。フローダイアグラムの確認は、製造・加工方法について十分な知識をもつ人またはグループによって行われるべきです。

【手順6】危害要因の分析［原則1］

HACCPチームは、生産段階から、製造・加工、流通、消費に至る各段階において、普通に考えて起こり得る（reasonably expected to occur）危害要因を列挙し、それらの中から、安全な食品を製造・加工するためにその除去や許容レベルまでの低減が必須となる危害要因を特定します。

このとき列挙する危害要因は、「有害微生物」や「異物」といった漠然としたものではなく、具体的にすべきです。危害要因の種類ごとに発生要因や管理措置が異なるので、例えば、「サルモネラの増殖」「黄色ブドウ球菌の毒素産生」のように区別する必要があります。

危害要因分析を行うため、疫学情報の収集や、原材料や中間製品などの試験検査、さらには製造・加工条件の測定を実施するなどして、必要に応じて情報・データを収集し、解析します。

HACCP チームは、これらをもとに以下の4つのステップに従って危害要因分析を行います。

ステップ1　原材料及び工程に由来する潜在的な危害要因の列挙
ステップ2　列挙した危害要因の起こりやすさ、起きた場合の重篤性の評価
ステップ3　発生要因の特定
ステップ4　管理措置の特定

ステップ1において列挙した生物学的、化学的及び物理的なそれぞれの危害要因を、ステップ2において起こりやすさや起きたときの重篤性に基づいて評価します。つまり、重要管理点（CCP）で管理すべき危害要因と、すでに前提条件プログラムによって管理できているものとを区別します。

次にそれぞれの危害要因が、どのような原因により健康被害を起こす程度まで混入、増大するかという発生要因を明確にします（ステップ3）。

そして、特定した発生要因を制御するために取るべきすべての管理措置を明確にします（ステップ4）。

【手順7】重要管理点（CCP）の決定［原則2］

管理措置のうち、特に厳重に管理する必要があり、かつ、危害の発生を防止するために、危害要因をコントロールできる手順、操作、段階をCCPとして決定します。CCPの決定にはデシジョン・ツリーが役立ちますが、デシジョン・ツリーはCCPを決定する際のガイダンスとして用いるべきです。使用のためのトレーニングが推奨されます。

【手順8】管理基準（CL）の設定［原則3］

個々のCCPにおいて、危害要因を管理する上で許容できるか否かを区別するモニタリング・パラメータの基準を管理基準（CL）として設定します。CLは妥当性が確認されていなければなりません。また、CCPの管理状態が適切でないことが判明した際に、速やかに改善措置を取らなければならないため、可能な限

りリアルタイムで判断できるパラメータの採用が望まれます。例としては、温度、時間、水分活性、pH、残留塩素濃度の他、外観やテクスチャーのような官能的な指標が挙げられます。

【手順9】モニタリング方法の設定［原則4］

CCPが適切にコントロールされていることを確認するために行う、記録付けを伴った観察、測定または試験検査をモニタリングといいます。モニタリングは、危害要因に対する管理措置が、ロット中のすべての製品にモレ無く適切に取られていることを保証するため、連続的に行う必要があります。連続的にモニタリングできない場合であっても、工程のパラメータの安定度や運転条件を考慮して、相当の頻度で行う必要があります。

さらに理想的には、CLからの逸脱を予防できるよう、モニタリングは調整が間に合う時間内で情報が得られるように設定すべきです。モニタリング結果がCCPにおける管理状態から外れる傾向を示した際には、可能な限り作業の調整を行うべきです。

【手順10】改善措置の設定［原則5］

CCPにおけるモニタリングの結果、パラメータがCLを逸脱した場合のように、CCPが適切にコントロールされていないことが判明したときに取るべき措置を改善措置（Corrective Action）といいます。

効果的な改善措置には2つの構成要素が必要であり、CCPの管理状態をもとに戻すこと及び影響を受けた製品に対して適切な処置を施すことが該当します。

同時にこれらが単なる修正に終わらないように逸脱原因を究明し、再発防止のための是正策を講じる必要性についても検討が必要です。

【手順11】検証方法の設定［原則6］

検証とはHACCPプランが正しく機能しているかどうか、すなわち、構築したHACCPプランが引き続き有効であるか否か、規定どおりに運用されているか否かを確認するために行う方法、手続き、試験検査などをいいます。言い換えれば、決めたことが正しいか否か、決めたことを決めたとおりに行っているかを確認することです。

検証は、モニタリング及び改善措置の実施者以外の人によって行われるべきです。ある検証活動が自社内でできない場合には、外部の専門家や第三者によって行われるべきです。

検証活動には、HACCPプラン（CCP）ごとに行う記録のレビューやモニタリングに用いる計測器の校正などと、最終製品の試験検査、クレームの見直しなど、HACCPシステム全体の有効性を確認する活動も含むべきです。

【手順12】記録と保存方法の設定［原則7］

効率的かつ正確な記録を付け保存することはHACCPの最重要事項です。また、HACCPの手順は文書化されるべきです。文書化と記録は、製造・加工工程の性質及び規模にとって適切であり、かつHACCPによる管理が適切に実行され、維持されていることの証拠となります。

(5) HACCPのための人材育成（トレーニング）

HACCPの実施の成否は、経営者による意思決定によるところが大きいです。従って、HACCPシステムの構築と運用、さらにはそれを維持するためには人材を確保する必要があります。

まずはHACCPチームが選定され、トレーニングされるべきです。チームは最初のプランの構築とその実施のための調整に責任をもちます。製造・加工の現場は、それぞれ特定の製品に対するHACCPプランの構築に寄与するでしょう。

モニタリングの担当者には、モニタリングの手順はもとより、モニタリングと改善措置内容の記録付けについても十分なトレーニングが必要です。

効果的なHACCPシステムの維持は、計画的な検証活動によって実現します。HACCPプランは必要に応じて更新され、改訂されるべきです。

HACCPシステムを維持する上で重要なのは、すべての関係者がそれぞれの役割を理解するよう十分にトレーニングされていて、それぞれの責任を全うすることです。

参考文献

『食品製造におけるHACCP入門のための手引書』（厚生労働省）
『食品安全』第38号（食品安全委員会）
『米国食品安全強化法（FSMA）の導入ガイド』（日本貿易振興機構）
『食品製造・加工事業者のためのよくわかる高度化整備基盤事項解説（2015年版）』（今城敏執筆監修／一般財団法人食品産業センター）
『HACCP基盤強化のための衛生・品質管理実践マニュアル』（一般財団法人食品産業センター）
『改訂 食品の安全を創るHACCP』（公益社団法人日本食品衛生協会）
『改訂版 HACCP導入と運用の基本』（公益社団法人日本食品衛生協会）
『週刊ダイヤモンド』第107巻37号（株式会社ダイヤモンド社）
『マッキンゼーで学んだフレームワークの教科書』（大嶋祥誉監修／株式会社洋泉社）
「魅力的品質と当り前品質」（狩野紀昭，瀬楽信彦，高橋文夫，辻新一，品質 14(2), 147-156, 1984）
「HACCPシステムとその動向」（山崎省二，藤原真一郎，J. Natl. Inst. Public Health, 50 (2), 2001）
「Codex Alimentarius Recommended International Code of Practice General Principles of Food Hygiene CAC/RCP 1-1969, Rev.4-2003, Annex - Hazard Analysis and Critical Control Point (HACCP) System and Guidelines for its Application. CAC/RCP 1-1969. Rev.4-2003」
「Hazard Analysis and Critical Control Point Principles and Application Guidelines, The National Advisory Committee on Microbiological Criteria for Food (NACMCF),1998」
「The Global Food Safety Initiative」（https://mygfsi.com）
『企業戦略論（上）基本編 競争優位の構築と持続』（ジェイ・B・バーニー著、岡田正大訳／ダイヤモンド社）
『企業成長の理論』（エディス・ペンローズ著、日高千景訳／ダイヤモンド社）

著者略歴

今城 敏（いまなり さとし）

食品安全技術センター代表。
山崎製パンにて食品保蔵技術などの研究、工場の衛生管理責任者を歴任。その後、花王にて食品開発の微生物学的品質設計リーダー、食品品質保証室長を務める。農林水産省出向時、HACCP 支援法改正の技術支援を行い、高度化基盤整備事項確認項目と称する日本版一般的衛生管理プログラムを立案設計。世界的な食品安全の業界団体 GFSI ガイダンス文書作業部会メンバーとして活動し、GFSI 日本ローカルの組織立ち上げから関わり国内への普及にも尽力。
現在は、科学的根拠に則った安全の積み重ねと食の安全を担う人財作りを通して、信頼の見える化をサポートしている。わかりやすく親しみやすい指導で定評。これまでに HACCP 責任者・調理 HACCP 技能者・予防管理適格者 PCQI など多数養成。
農林水産省 FCP アドバイザー、一般財団法人東京顕微鏡院・技術アドバイザー、立命館大学客員研究員など、多方面で活躍中。
主な著書に『どこから？どのくらい？法令等でわかる食品の一般衛生管理』（幸書房）、『食品製造・加工事業者のためのよくわかる高度化基盤整備事項解説』（食品産業センター・共著）など。

フレームワーク思考で学ぶHACCP

2020年5月30日　初版第一刷発行

著　　者　今城 敏
発 行 人　佐々木紀行
発 行 所　株式会社カナリアコミュニケーションズ
〒141-0031　東京都品川区西五反田6-2-7
ウエストサイド五反田ビル3F
TEL　03-5436-9701　FAX　03-3491-9699
http://www.canaria-book.com
印　　刷　株式会社クリード
装　　丁　田辺 智子

 ISBN978-4-7782-0468-6　C0036　¥1600E

カナリアコミュニケーションズの書籍ご案内

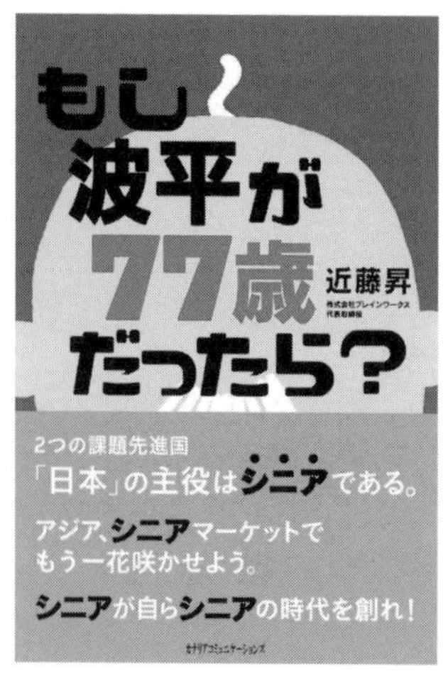

もし波平が７７歳だったら？

近藤 昇 著

人間はしらないうちに固定概念や思い込みの中で生き、自ら心の中で定年を迎えているということがある。オリンピックで頑張る選手から元気をもらえるように、同世代の活躍を知るだけでシニア世代は元気になる。
ひとりでも多くのシニアに新たな希望を与える1冊。

2016 年 1 月 15 日発刊
1400 円（税別）
ISBN 978-4-7782-0318-4

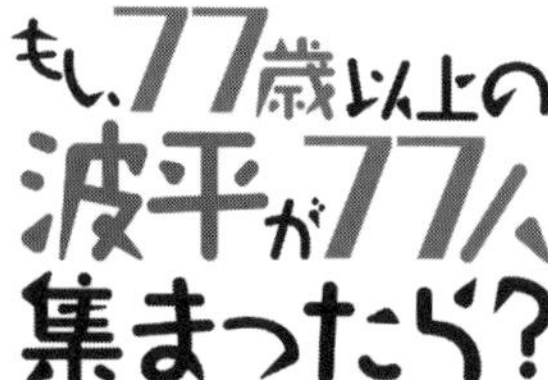

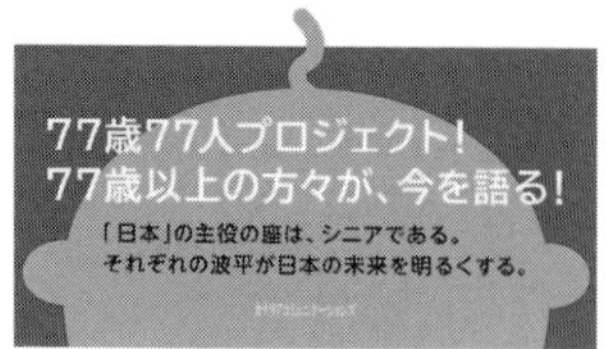

もし、７７歳以上の波平が７７人集まったら？
私たちは生涯現役！

ブレインワークス 編著

私たちは、生涯現役！シニアが元気になれば、日本はもっと元気になる！現役で、事業、起業、ボランティア、NPOなど各業界で活躍されている77 歳以上の現役シニアをご紹介！「日本」の主役の座は、シニアです！ 77 人のそれぞれの波平が日本の未来を明るくします。
シニアの活動から、日本の今と未来が見える！
※波平とは、「もし波平が 77 歳だったら？」（近藤昇著）の反響をうけ、波平に共感してくださったことから、第2弾企画として使用。

2017 年 2 月 20 日発刊
1300 円（税別）
ISBN 978-4-7782-0377-1

カナリアコミュニケーションズの書籍のご案内

もし、フネさんが70人集まったら？

ブレインワークス　編著

激動の時代をくぐり抜け、
戦後の日本を支えてきた70人のフネさんたち。
70通りの人生模様は、
愛と涙と笑いのエネルギーが盛りだくさん！。
生涯現役で「感謝」の気持ちを胸に抱き、
これからも元気をみんなに届けてくれる。

2018年2月10日発刊
1300円（税別）
ISBN978-4-7782-0414-3

食べることは生きること

大瀬 由布子 著

江戸時代から続く日本の伝統食、
発酵食品を食生活に取り入れて
糀のパワーで元気に健康に暮らそう！！
ごはん、納豆、味噌汁、旬の野菜を毎日の食卓に。

2018年5月30日発刊
1400円（税別）
ISBN978-4-7782-0434-1

カナリアコミュニケーションズの書籍のご案内

「暮らしの物語」

「暮らしの物語」編集委員会　編著

明治から今日までの一世紀半。
女性たちは暮らしに根ざした生活文化を支え、
知恵や技を脈々と受け継いできた。
家庭のありようも変容し、
地域の伝統や風習の多くも途絶えた。
何を残し、何を伝えていけばいいのか——。

2018年7月31日発刊
1300円（税別）
ISBN978-4-7782-0436-5

シニアよ、インターネットでつながろう！

牧　壮 著

シニアの私が伝えたいのは、IoS（Internet Seniors）。
ITは怖くありません。
シニアライフを楽しくするツールです。
インターネットを活用して
シニアライフを満喫しましょう！

2018年12月10日
1300円（税別）
ISBN978-4-7782-0444-0

カナリアコミュニケーションズの書籍ご案内

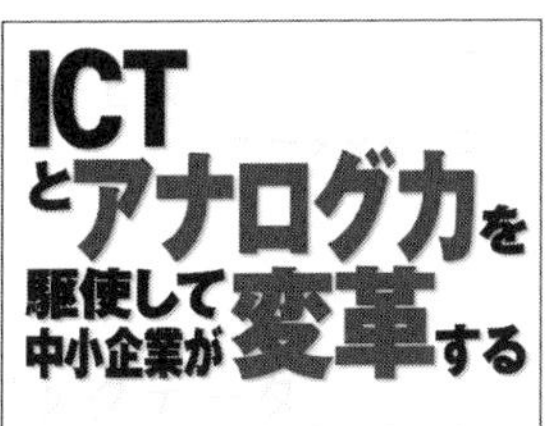

ＩCTとアナログ力を駆使して中小企業が変革する

近藤 昇 著

第1弾書籍「だから中小企業のIT化は失敗する」（オーエス出版）から約15年。この間に社会基盤、生活基盤に深く浸透した情報技術の変遷を振り返り、現状の課題と問題、これから起こりうる未来に対しての見解をまとめた1冊。
中小企業経営者に役立つ知識、情報が満載！

2015 年 9 月 30 日発刊
1400 円（税別）
ISBN 978-4-7782-0313-9

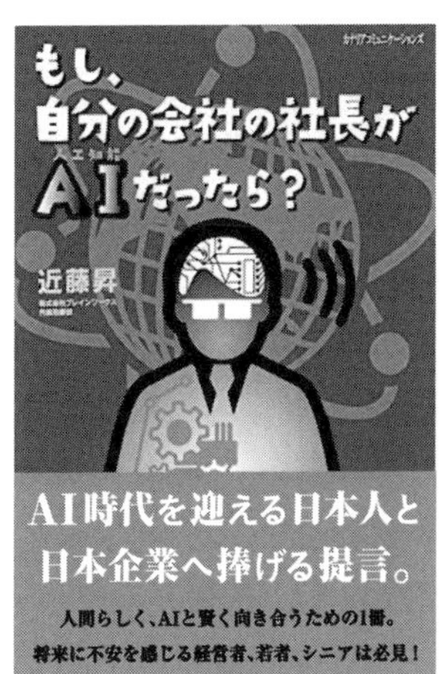

もし、自分の会社の社長がＡＩだったら？

近藤 昇 著

AI 時代を迎える日本人と日本企業へ捧げる提言。
人間らしく、AI と賢く向き合うための1冊。
将来に不安を感じる経営者、若者、シニアは必見！
実際に社長が日々行っている仕事の大半は、現場把握、情報収集・判別、ビジネスチャンスの発掘、リスク察知など。その中でどれだけ AI が代行できる業務があるだろうか。10年先を見据えた企業と AI の展望を示し、これからの時代に必要とされる ICT 活用とは何かを語り尽くす。

2016 年 10 月 15 日発刊
1300 円（税抜）
ISBN 978-4-7782-0369-6

カナリアコミュニケーションズの書籍ご案内

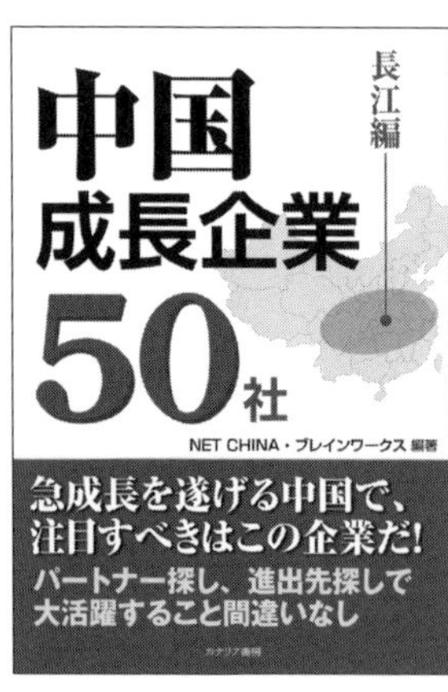

中国成長企業50社
長江編

NET CHINA/
ブレインワークス 著

急成長を遂げる中国で、注目すべきはこの企業だ！大好評の「成長企業シリーズ」中国版に待望の第２弾が登場。
中国へ進出を検討している日本企業はもちろん、パートナー探しにもぴったりの１冊。あらゆる業種の企業を紹介しているので、これを読めば中国経済の今がわかる。

2011年11月20日発刊
1800円（税別）
ISBN 978-4-7782-0207-1

中国成長企業50社
華東編

NET CHINA/
ブレインワークス 著

成長著しい中国のビジネス最前線を一挙公開！中国進出、投資をお考えの人は必読！

日中の架け橋となるNET CHINAとブレインワークスが厳選した、中国の成長企業50社を紹介します。今、日本の企業とビジネスパートナーとなることを切望している中国の成長企業がたくさんあります。日本では飽和状態の市場も、中国という広大な市場では、まだまだチャンスが簡単に見つけることができるのです！あなたも必ず中国の元気な注目企業の「今」を感じることができるでしょう。

2010年8月15日発刊
1800円（税別）
ISBN 978-4-7782-0152-4